LUCAS GREENFIELDS

Cambiamento Climatico e Ambientale

Cause, Effetti e Soluzioni alla portata di tutti

Contents

Introduction

Una Chiamata all'Azione per il Nostro Tempo

Chiudi gli occhi per un istante e pensa all'ultima estate. Ricordi il caldo? Non il piacevole tepore estivo a cui siamo abituati, ma quella cappa d'afa opprimente, quasi solida, che non dava tregua, giorno e notte, togliendo il respiro e rendendo l'asfalto delle città un deserto incandescente. O forse ti torna in mente il telegiornale: non una notizia lontana, ma il racconto di una grandinata violenta con chicchi grandi come albicocche che ha devastato i raccolti a pochi chilometri da casa tua, o un fiume esondato in una regione che, fino a pochi anni prima, combatteva con la siccità.

Queste non sono più anomalie. Sono i sintomi sempre più frequenti e acuti di un pianeta con la febbre, segnali che il nostro mondo sta cambiando in un modo profondo, accelerato e che ci tocca tutti, nessuno escluso. È facile sentirsi sopraffatti. Le notizie di scioglimento dei ghiacciai, incendi inarrestabili o specie che scompaiono per sempre possono generare un senso di ansia, una sorta di "eco-ansia" che ci fa sentire piccoli e impotenti. "Cosa posso mai fare io, da solo, di fronte a forze così immense?" è una domanda legittima, un sussurro che si fa strada nella mente di molti.

Questo libro nasce proprio per rispondere a quella domanda,

1

per trasformare quel sussurro di impotenza in un grido di possibilità.

Non è un trattato scientifico per pochi eletti, denso di formule incomprensibili, né un manuale di catastrofismo pensato per spaventare. Vuole essere una guida, un compagno di viaggio onesto e chiaro. La sua missione è trasformare la complessità in chiarezza, l'ansia in consapevolezza e, soprattutto, il senso di impotenza in azione concreta e gratificante.

Insieme, intraprenderemo un percorso in tre tappe, un viaggio dalla comprensione alla speranza attiva.

Nella prima parte, metteremo a fuoco il problema con la precisione di un obiettivo fotografico. Con parole semplici e metafore chiare, capiremo cos'è davvero il cambiamento climatico, come funziona il delicato meccanismo dell'effetto serra e quali attività umane, spesso legate al nostro benessere, ne sono la causa principale. Costruiremo delle fondamenta solide di conoscenza, perché non si può risolvere un problema senza prima averlo compreso a fondo, senza pregiudizi né semplificazioni.

Nella seconda parte, guarderemo in faccia la realtà, con coraggio e senza filtri. Esploreremo gli effetti tangibili del cambiamento climatico sulla nostra vita quotidiana, qui in Italia, nel cuore del Mediterraneo, e nel resto del mondo. Dall'aumento delle temperature che mette a rischio la salute dei più fragili, all'innalzamento del livello del mare che minaccia le nostre coste, dalla crisi dell'acqua che asseta le nostre campagne alla minaccia silenziosa che incombe sulla straordinaria biodiversità che ci circonda. Non lo faremo per alimentare la paura, ma per capire la reale urgenza della sfida e la posta in gioco.

Infine, nella terza e più importante parte, scopriremo di essere la soluzione. Capiremo che il futuro non è un destino già scritto, ma un orizzonte di possibilità. Vedremo come, con una serie di piccole e grandi scelte quotidiane, possiamo ridurre drasticamente il nostro impatto ambientale. Dalle abitudini tra le mura di casa, che possono trasformare le nostre abitazioni in baluardi di efficienza, alle scelte che facciamo al supermercato, che determinano il futuro delle nostre campagne. Dal modo in cui ci muoviamo, che disegna le città di domani, al nostro coinvolgimento nella comunità, che amplifica la nostra voce. Scoprirai che le soluzioni non solo sono alla nostra portata, ma possono anche migliorare la nostra salute, farci risparmiare denaro e arricchire la nostra vita di significato.

Questo libro non ti chiederà di diventare un eroe solitario che porta il peso del mondo sulle spalle, ma di riconoscerti come parte di un movimento globale di persone consapevoli. Persone che hanno capito che il futuro non è qualcosa che semplicemente accade, ma qualcosa che si costruisce, un'azione alla volta, un giorno alla volta.

Sei pronto a comprendere la sfida più cruciale del nostro tempo e a scoprire il potere che hai, proprio tu, per affrontarla? Il viaggio inizia ora.

I

LE FONDAMENTA - CAPIRE LA SFIDA

1

Il Respiro della Terra: Cos'è Davvero il Cambiamento Climatico?

Immagina di parlare con tuo nonno o con una persona anziana della tua famiglia. Ti racconterà di estati calde, certo, ma sopportabili; di notti in cui si poteva dormire senza l'ausilio costante dell'aria condizionata; di inverni con la neve quasi ogni anno, un evento atteso che scandiva le stagioni, non un'eccezione da telegiornale. Ti parlerà delle mezze stagioni, la primavera e l'autunno, periodi climatici definiti e riconoscibili, non un confuso e febbrile passaggio tra un freddo tardivo e un caldo precoce. Ti descriverà una natura dai ritmi più prevedibili.

Oggi, invece, il nostro vocabolario quotidiano si è arricchito di termini che i nostri nonni non conoscevano: "bombe d'acqua", "ondate di calore africano", "siccità lampo", "fiumi in secca". Questa differenza, che percepiamo nelle nostre vite e che i dati scientifici confermano impietosamente, è la manifestazione più evidente di un concetto che usiamo spesso, ma che merita di essere compreso fino in fondo: il cambiamento climatico. Per afferrarlo davvero, dobbiamo prima fare una distinzione cruciale, che è la base di tutta la nostra comprensione.

Clima vs. Meteo: Il Carattere e l'Umore del Pianeta

Spesso usiamo le parole "meteo" e "clima" come se fossero sinonimi, ma confonderle è come scambiare una singola fotografia per un intero album di famiglia, o l'umore di una persona in un dato giorno per il suo intero carattere.

Pensa al **meteo** come all'**umore** di una persona in un preciso momento. Oggi può essere allegra (c'è il sole), domani triste (piove), dopodomani arrabbiata (tira vento forte). L'umore è variabile, può cambiare rapidamente ed è difficile da prevedere a lungo termine. Il meteo, allo stesso modo, descrive le condizioni atmosferiche (temperatura, umidità, precipitazioni) in un luogo specifico e in un momento preciso.

Il **clima**, invece, è il **carattere** di quella stessa persona. È la sua disposizione generale, la sua tendenza media a comportarsi in un certo modo nel corso degli anni. Una persona può avere un carattere solare e ottimista (clima), anche se ha una giornata storta (meteo). Allo stesso modo, il clima di una regione è la descrizione statistica del meteo su un periodo lungo, di solito almeno 30 anni. Ci dice che tipo di "umori" meteorologici possiamo mediamente aspettarci in una data stagione. Il clima di Roma è mediterraneo, con inverni miti e piovosi ed estati calde e secche. Questo non significa che a Roma non possa nevicare (un evento *meteorologico*), ma ci dice che è un evento raro (una caratteristica *climatica*).

Quando parliamo di **cambiamento climatico**, quindi, non stiamo commentando un singolo episodio di maltempo. Stiamo affermando, con il supporto di decenni di dati, che il "carattere" del pianeta sta cambiando. Sta diventando più irascibile, più estremo, più imprevedibile. La sua temperatura media di base si sta alzando, e questo altera profondamente tutti i suoi "umori" meteorologici.

L'Effetto Serra: La Coperta (Diventata Troppo Pesante) della Terra

Come sta avvenendo questo cambiamento sistematico? La causa principale è l'intensificazione di un fenomeno naturale, essenziale e, in sé, benefico: l'effetto serra.

Per capirlo, usiamo un'altra analogia. Pensa alla Terra come a una casa e all'atmosfera come al suo tetto di vetro. Durante il giorno, la luce del Sole, che è energia a onde corte, attraversa facilmente questo "vetro" e riscalda il pavimento e i mobili della casa (il suolo e gli oceani). Di notte, la casa, ormai calda, rilascia parte di questa energia verso l'esterno, ma lo fa sotto forma di radiazione infrarossa, che è energia a onde lunghe.

Fortunatamente, l'atmosfera contiene alcuni gas speciali, chiamati "gas a effetto serra" (come l'anidride carbonica, il metano e il vapore acqueo). Questi gas, per la loro struttura molecolare, sono in gran parte trasparenti all'energia solare in entrata, ma sono opachi a una parte della radiazione infrarossa in uscita. Le loro molecole, quando vengono colpite dall'energia a onde lunghe, vibrano, assorbono quel calore e lo riemettono in tutte le direzioni, anche verso la superficie terrestre, rallentandone il raffreddamento notturno.

Questo meccanismo naturale è vitale. Agisce come una coperta termica che mantiene la temperatura media del pianeta a circa 15°C, un valore mite e ideale per lo sviluppo della vita come la conosciamo. Senza questo naturale effetto serra, la Terra sarebbe una palla di ghiaccio inospitale, con una temperatura media di circa -18°C.

Il problema sorge quando, con le nostre attività industriali, agricole e di trasporto, aumentiamo a dismisura la concentrazione di questi gas nell'atmosfera. È come se continuassimo ad aggiungere coperte di lana pesante sul letto in una notte già tiepida. Prima una, poi due, poi dieci. La temperatura sotto le coperte inizierà inevitabilmente a salire, fino a diventare insopportabile e a sconvolgere il nostro riposo. Abbiamo manomesso il termostato del pianeta, e ora la temperatura sta salendo fuori controllo.

I Protagonisti del Riscaldamento e i Cicli di Feedback

Abbiamo identificato i due principali gas serra di origine antropica: l'**Anidride Carbonica (CO2)**, la più abbondante e persistente, e il **Metano (CH4)**, meno duraturo ma molto più potente nel breve termine. Potremmo pensare alla CO2 come al "maratoneta" del riscaldamento globale: ogni molecola che emettiamo oggi può rimanere nell'atmosfera per secoli, influenzando il clima dei nostri nipoti e pronipoti. Il metano, invece, è il "velocista": ha un impatto esplosivo nel breve periodo (i suoi primi 20 anni in atmosfera), ma decade più rapidamente.

Tuttavia, la situazione è ancora più complessa e preoccupante a causa dei cosiddetti **cicli di feedback climatico** (o retroazioni), ovvero meccanismi che possono amplificare o smorzare il riscaldamento iniziale, innescando una reazione a catena. Purtroppo, molti dei feedback più potenti sono di tipo positivo, cioè accelerano il riscaldamento.

- **Il feedback dell'albedo di ghiaccio:** L'albedo è la capacità di una superficie di riflettere la luce solare (il termine deriva dal latino *albus*, bianco). Le superfici chiare, come la neve e il ghiaccio, hanno un'albedo alta: riflettono gran parte dell'energia solare nello spazio, aiutando a mantenere il pianeta fresco. È lo stesso motivo per cui indossiamo una maglietta bianca d'estate. Le superfici scure, come l'oceano o la roccia, hanno un'albedo bassa: assorbono più energia e si riscaldano. Con il riscaldamento globale, i ghiacci artici e i ghiacciai montani si sciolgono, esponendo l'oceano o la roccia sottostante, che sono più scuri. Queste superfici scure assorbono più calore, il che causa un ulteriore aumento della temperatura, che a sua volta scioglie ancora più ghiaccio. È un circolo vizioso che si autoalimenta.

· **Il feedback del permafrost:** Il permafrost è il terreno perennemente ghiacciato delle regioni artiche e sub-artiche. Funziona come un gigantesco freezer naturale che, da migliaia di anni, conserva un'enorme quantità di materia organica antica (resti di piante e animali). Questo freezer contiene quasi il doppio del carbonio presente oggi in tutta l'atmosfera. Finché è ghiacciato, questo carbonio è bloccato. Ma con l'aumento delle temperature, il permafrost sta iniziando a scongelarsi. I microbi presenti nel suolo si "risvegliano" e iniziano a decomporre questa materia organica, rilasciando nell'atmosfera enormi quantità di anidride carbonica e, soprattutto, di metano. Queste emissioni causano un ulteriore riscaldamento, che scongela strati ancora più profondi di permafrost, in un altro pericoloso ciclo di feedback. Gli scienziati chiamano il permafrost una "bomba a orologeria al carbonio".

Capire questi meccanismi è fondamentale per comprendere l'urgenza della situazione. Il sistema climatico non è lineare; superate certe soglie, rischia di entrare in una fase di cambiamento auto-alimentato e molto più difficile da controllare.

Come Facciamo a Saperlo? Le Prove nella Storia del Pianeta

Potresti ancora chiederti: "Come possiamo essere sicuri che questo cambiamento non sia solo un ciclo naturale?". La scienza del clima, o paleoclimatologia, ha risposto a questa domanda con prove schiaccianti, raccolte da una delle fonti più affascinanti e inoppugnabili: le carote di ghiaccio dell'Antartide e della Groenlandia.

Immagina i ricercatori in Antartide, in un ambiente tra i più ostili del pianeta, che perforano il ghiaccio per chilometri. Estraggono lunghi cilindri di ghiaccio, veri e propri libri di storia del nostro pianeta. Ogni strato di ghiaccio corrisponde a una nevicata annuale, e dentro ogni strato sono intrappolate piccole, preziose bolle d'aria dell'atmosfera di quel tempo. Analizzando queste bolle, gli scienziati possono misurare con precisione la concentrazione di CO_2 e metano nel passato. Inoltre, studiando gli isotopi dell'ossigeno nell'acqua ghiacciata, possono ricostruire la temperatura di quel periodo. A volte, trovano sottili strati di cenere vulcanica, che funzionano come segnalibri, aiutandoli a datare con precisione gli strati del ghiaccio.

I risultati di questi studi sono inequivocabili e lasciano senza fiato. Per centinaia di migliaia di anni, la concentrazione di CO_2 ha oscillato naturalmente, seguendo i cicli glaciali e interglaciali, tra circa 180 e 280 parti per milione (ppm). Con l'inizio della Rivoluzione Industriale, intorno al 1850, quel valore ha iniziato a salire in modo quasi verticale. Oggi, ha superato le 420 ppm.

La differenza cruciale non è solo nel livello raggiunto, ma nella **velocità**. I cambiamenti naturali del passato avvenivano nel corso di migliaia o decine di migliaia di anni, dando tempo agli ecosistemi e alle specie di adattarsi. L'aumento attuale è avvenuto in soli 150 anni. È un cambiamento circa 100 volte più veloce di qualsiasi altro evento di riscaldamento naturale che conosciamo. È uno shock violento per il sistema Terra, non un ciclo graduale.

Non stiamo vivendo un semplice ciclo naturale. Stiamo conducendo un esperimento senza precedenti con l'unico pianeta che abbiamo. Nel prossimo capitolo, vedremo nel dettaglio quali sono le attività umane che, giorno dopo giorno, alimentano questo esperimento e come sono intrecciate con il nostro stile di vita moderno.

2

L'Impronta dell'Uomo: Le Cause Principali del Riscaldamento Globale

Nel capitolo precedente abbiamo visto come l'aumento dei gas serra stia "ispessendo" la coperta termica del pianeta, alterandone il delicato equilibrio energetico. Ora è il momento di guardare da vicino da dove provengono queste emissioni extra, di tracciare la loro origine fino alle nostre attività quotidiane. Non si tratta di puntare il dito contro un singolo "cattivo", ma di comprendere un sistema complesso di attività, profondamente radicate nel nostro modello di sviluppo economico e nel nostro stile di vita. Comprendere queste cause è il primo, indispensabile passo per poterle affrontare con efficacia.

1. La Sete di Energia: Il Regno dei Combustibili Fossili

La nostra società moderna, con le sue luci, i suoi trasporti veloci e la sua produzione industriale, è letteralmente costruita sui combustibili fossili. Carbone, petrolio e gas naturale sono il motore che ha alimentato la Rivoluzione Industriale e che ancora oggi, nonostante i progressi delle rinnovabili, soddisfa oltre l'80% del fabbisogno energetico mondiale. Sono il sangue che scorre nelle vene della nostra economia globale.

- **Elettricità e Riscaldamento:** Pensa a un gesto semplice come accendere la luce, caricare il telefono, guardare un film in streaming o accendere il riscaldamento d'inverno. Nella maggior parte del mondo, e anche in Italia, una quota ancora molto significativa dell'elettricità che usiamo viene prodotta in centrali termoelettriche che bruciano gas naturale o, in misura minore, carbone. Questo processo di combustione rilascia enormi quantità di CO_2 nell'atmosfera, 24 ore su 24.
- **Trasporti:** Ogni volta che guidiamo un'auto a benzina o diesel, che prendiamo un aereo per le vacanze o per lavoro, che riceviamo un pacco trasportato da un furgone, stiamo partecipando a un sistema basato sulla combustione di derivati del petrolio. Il settore dei trasporti è uno dei maggiori responsabili delle emissioni globali e, a differenza di altri settori, le sue emissioni sono in continua crescita. L'auto privata, in particolare, rappresenta una quota enorme di questo impatto.
- **Industria:** La produzione di quasi tutto ciò che usiamo, vediamo e tocchiamo richiede un'enorme quantità di energia. L'acciaio per costruire i palazzi, il cemento per le fondamenta, la plastica per innumerevoli oggetti, i fertilizzanti per l'agricoltura, i vestiti che indossiamo: la loro fabbricazione è un processo ad alta intensità energetica, che si affida pesantemente ai combustibili fossili.

Il problema fondamentale dei combustibili fossili è un problema di *tempo*. Stiamo liberando nell'atmosfera, nell'arco di appena due secoli, una quantità di carbonio che la natura aveva lentamente e faticosamente immagazzinato nel sottosuolo nel corso di milioni di anni. È come prosciugare un lago millenario in un solo pomeriggio per innaffiare un piccolo giardino: uno squilibrio insostenibile, a cui l'ecosistema non può reggere.

2. Deforestazione: Quando Tagliare un Albero Significa Tagliare il Respiro del Pianeta

Le foreste sono i polmoni della Terra, ma sono anche molto di più. Sono regolatori del clima, custodi di biodiversità e fonti di sostentamento per milioni di persone. Attraverso la fotosintesi clorofilliana, gli alberi compiono una magia silenziosa e vitale: assorbono anidride carbonica dall'atmosfera, la usano per crescere e rilasciano l'ossigeno che respiriamo. Quando abbattiamo le foreste, specialmente quelle primarie e tropicali, facciamo un doppio, devastante danno al clima.

- **Mancato Assorbimento:** Eliminiamo la loro capacità di assorbire CO_2. Meno alberi significano più anidride carbonica che rimane intrappolata nell'atmosfera.
- **Emissione Diretta:** Molto spesso le foreste vengono bruciate. Quando un albero brucia, tutto il carbonio che ha immagazzinato nel corso della sua vita viene rilasciato istantaneamente nell'atmosfera.

Le grandi foreste pluviali come l'Amazzonia, il bacino del Congo e le foreste del Sud-est asiatico sono le principali vittime di questo processo. E perché vengono distrutte? Principalmente per fare spazio a monocolture destinate al mercato globale. Non solo pascoli per il bestiame e coltivazioni di soia per mangimi, ma anche piantagioni per prodotti che consumiamo ogni giorno. Pensa al **caffè**, al **cacao** o all'**avocado**: una domanda crescente per questi prodotti nei paesi ricchi sta spingendo, in molte aree del mondo, a convertire foreste pluviali in coltivazioni intensive. La deforestazione, quindi, non è un problema lontano, ma è direttamente collegata ai prodotti che troviamo nei nostri supermercati e nelle nostre tazze.

3. Agricoltura e Allevamenti: L'Impatto nel Nostro Piatto

Il modo in cui produciamo il nostro cibo ha un impatto ambientale enorme, paragonabile a quello dell'intero settore dei trasporti. Le cause sono molteplici e interconnesse.

- **Allevamenti Intensivi:** Sono una delle fonti principali di emissioni di metano (CH_4) e protossido di azoto (N_2O), gas serra molto più potenti della CO_2. La crescente domanda globale di carne a basso costo ha portato a un'esplosione del numero di capi allevati in condizioni intensive, con un conseguente aumento esponenziale delle emissioni.
- **Fertilizzanti Sintetici:** L'agricoltura industriale moderna dipende massicciamente dai fertilizzanti azotati di sintesi. La loro produzione è energivora e il loro uso rilascia protossido di azoto, un gas che ha un potere riscaldante quasi 300 volte superiore a quello della CO_2.
- **Uso del Suolo e dell'Acqua:** L'agricoltura è la prima causa di deforestazione al mondo e consuma circa il 70% di tutta l'acqua dolce prelevata dall'uomo. Gran parte di queste risorse non serve a produrre cibo direttamente per noi, ma per coltivare mangimi (soia e mais, principalmente) per gli animali che alleviamo.

4. Industria, Consumi e i Nuovi Motori delle Emissioni

Infine, il nostro modello economico, basato su un ciclo lineare di "estrazione, produzione, consumo e smaltimento", ha un costo climatico elevatissimo. Questo modello, noto anche come "economia della discarica", tratta il pianeta come una miniera da cui attingere risorse e una pattumiera in cui gettare i nostri scarti. Questo è particolarmente evidente in due settori moderni e pervasivi: la moda a basso costo e il mondo digitale.

Il costo nascosto del "Fast Fashion"

L'industria della moda a basso costo, che propone collezioni nuove ogni poche settimane spingendo a un consumo bulimico di vestiti, è uno dei settori più inquinanti al mondo, responsabile di circa il 10% delle emissioni globali di carbonio e del 20% dello spreco globale di acqua. Seguiamo il viaggio di una semplice t-shirt per capirne l'impatto.

1. **La materia prima:** Se la t-shirt è in cotone, la sua coltivazione convenzionale richiede enormi quantità di acqua (fino a 2.700 litri per una sola maglietta, l'equivalente di quanto una persona beve in tre anni) e un uso massiccio di pesticidi e fertilizzanti chimici. Se invece è in fibre sintetiche come il poliestere (presente in oltre il 60% dei capi), la materia prima è il petrolio. La sua produzione è un processo energivoro che emette grandi quantità di CO_2.
2. **La produzione e la tintura:** La trasformazione della fibra in tessuto e la sua tintura avvengono spesso in paesi dove l'energia è prodotta principalmente da carbone. Le tinture, inoltre, contengono sostanze chimiche tossiche

che, se non gestite correttamente, finiscono per inquinare pesantemente i corsi d'acqua locali.

3. **Il trasporto:** La t-shirt viene poi trasportata per migliaia di chilometri, spesso via nave e poi su gomma, per arrivare nei negozi dei paesi consumatori, aggiungendo ulteriori emissioni.

4. **L'uso e il fine vita:** Questa t-shirt è progettata per costare poco e durare poco. Dopo essere stata usata solo poche volte, si rovina o passa di moda. A ogni lavaggio, se sintetica, rilascia migliaia di microplastiche che finiscono negli oceani. Alla fine, la stragrande maggioranza di questi capi (oltre l'85%) finisce in discarica o negli inceneritori, alimentando una montagna di rifiuti tessili grande quanto un camion della spazzatura ogni secondo.

Il modello del "fast fashion" è l'emblema dell'economia lineare: un sistema insostenibile che consuma risorse immense per produrre oggetti a bassissimo valore e di brevissima durata.

L'impronta di carbonio invisibile: il mondo digitale

Anche le nostre attività online, che percepiamo come immateriali, hanno un peso fisico e un costo energetico sorprendentemente alto. Ogni ricerca su Google, ogni ora passata a guardare video in streaming, ogni foto caricata sui social network, ogni email inviata richiede energia. Questa energia alimenta due infrastrutture principali: i giganteschi **data center** e le **reti di trasmissione**.

I data center sono enormi edifici, grandi come supermercati, pieni di migliaia di server che immagazzinano e processano i nostri dati. Questi server producono un'enorme quantità di calore e devono essere costantemente raffreddati, 24 ore su 24, 7 giorni su 7, con potenti sistemi di condizionamento che consumano quasi tanta energia quanto i server stessi. Si stima che tutti i data center del mondo consumino circa l'1-2% dell'elettricità globale, una quantità superiore al consumo di intere nazioni. Se internet fosse un paese, sarebbe tra i primi 10 al mondo per consumo di elettricità.

Lo **streaming video** rappresenta la fetta più grande di questo traffico dati. Guardare un film in alta definizione su una piattaforma streaming ha un'impronta di carbonio significativa, legata all'energia consumata dai data center per inviare quel flusso di dati fino a casa nostra.

Anche le **criptovalute**, come il Bitcoin, hanno un impatto enorme. Il loro meccanismo di sicurezza (il "mining") si basa sulla risoluzione di complessi problemi matematici da parte di migliaia di computer in tutto il mondo. Questo processo, per sua stessa natura, richiede un consumo di elettricità spropositato, oggi paragonabile a quello di paesi come l'Argentina o la Svezia.

La nostra vita digitale, quindi, non è affatto immateriale. È sostenuta da un'infrastruttura fisica colossale che ha un'impronta di carbonio reale e in continua crescita.

Come abbiamo visto, le cause del cambiamento climatico sono complesse e interconnesse. Sono legate alla luce che accendiamo, al cibo che mangiamo, ai vestiti che indossiamo e persino ai like che mettiamo sui social. Non si tratta di colpevolizzare il singolo individuo, che spesso opera all'interno di un sistema che rende le scelte sostenibili più difficili o costose. Si tratta, piuttosto, di riconoscere che siamo tutti parte di questo sistema e che, proprio per questo, abbiamo innumerevoli punti di accesso e leve per iniziare a cambiarlo. Ma prima di esplorare le soluzioni, nel prossimo capitolo affronteremo gli effetti che questo immenso esperimento climatico sta già avendo sul nostro pianeta e sulle nostre vite.

II

LA REALTÀ - GLI EFFETTI CHE VEDIAMO E VIVIAMO

Abbiamo compreso le cause, abbiamo visto come le nostre azioni collettive stiano alterando la composizione chimica dell'atmosfera, la "pelle" sottile e vitale del nostro pianeta. Ora è il momento di affrontare le conseguenze. Non si tratta più di proiezioni per un futuro lontano o di modelli matematici astratti. Gli effetti del cambiamento climatico sono qui, ora. Li vediamo nei telegiornali, li leggiamo sui giornali, li studiamo nei report scientifici e, sempre più spesso.

3

Un Pianeta con la Febbre: Temperature Estreme e Ondate di Calore

Quando noi abbiamo la febbre, anche un solo grado in più rispetto alla norma è sufficiente a farci sentire deboli, indolenziti e fuori fase. Il nostro corpo è un sistema finemente regolato e basta una piccola alterazione per mandarlo in tilt. Lo stesso, su una scala immensamente più grande, vale per il pianeta Terra.

L'aumento della temperatura media globale di poco più di 1°C rispetto ai livelli pre-industriali può sembrare un'inezia. "Cosa vuoi che sia un grado in più?", potremmo pensare, magari godendoci una giornata di sole a febbraio. Ma questo "piccolo" aumento della media globale si traduce in realtà in ondate di calore molto più intense, molto più frequenti e molto più durature. È la differenza tra una normale e piacevole giornata estiva e una settimana di fuoco in cui l'aria è irrespirabile, l'asfalto diventa appiccicoso e le notti non portano alcun sollievo, trasformando le nostre case in forni. Questo non è un semplice "clima più caldo", è un'alterazione profonda del sistema che regola la vita sulla Terra.

Le Città che Bollono: Isole di Calore e Impatti a Cascata sulla Salute

Se il pianeta ha la febbre, le nostre città sono i punti in cui questa febbre è più alta e si manifesta con più violenza. Questo fenomeno, studiato da decenni, è noto come "isola di calore urbana". Asfalto, cemento, tetti scuri e grandi superfici vetrate sono materiali che assorbono e immagazzinano l'energia solare durante il giorno in modo molto più efficiente rispetto a un prato o a un bosco. Di notte, mentre le aree rurali si raffreddano rilasciando calore verso il cielo, le città continuano a irraggiare il calore accumulato, mantenendo temperature elevate. In una notte estiva, la differenza di temperatura tra il centro di una grande città come Milano o Roma e la campagna circostante può superare i 6-8°C.

Questa cappa di calore persistente ha gravi conseguenze. Prima di tutto, sulla nostra salute. Le ondate di calore non sono solo fastidiose, sono veri e propri eventi sanitari estremi. Mettono a dura prova il sistema cardiovascolare e respiratorio, specialmente nelle persone più vulnerabili: anziani, bambini molto piccoli, malati cronici, donne in gravidanza e chi lavora all'aperto (agricoltori, operai edili). I colpi di calore, la disidratazione e l'aggravamento di patologie preesistenti causano ogni anno un eccesso di mortalità che le statistiche registrano impietosamente. L'estate del 2003, tristemente famosa in tutta Europa, causò decine di migliaia di morti premature, insegnandoci nel modo più duro che il caldo estremo è un'emergenza sanitaria silenziosa ma letale. E l'estate del 2022, la più calda mai registrata in Europa, ha causato in Italia oltre 18.000 decessi attribuibili al caldo.

Ma non è tutto. L'impatto sulla salute è più subdolo e pervasivo:

- **Qualità dell'aria:** Il caldo intenso e la forte insolazione agiscono come un "forno" chimico che accelera le reazioni che trasformano gli inquinanti (come gli ossidi di azoto emessi dal traffico) in **ozono troposferico**, un gas altamente irritante per le vie respiratorie che può causare o peggiorare asma e bronchiti.
- **Allergie:** Temperature più alte e maggiori concentrazioni di CO_2 "dopano" le piante, che producono più polline e per periodi più lunghi. La stagione delle allergie si allunga, iniziando prima in primavera e finendo più tardi in autunno, con pollini spesso più aggressivi.
- **Malattie trasmesse da vettori:** Il clima più mite e umido favorisce la sopravvivenza e la diffusione di insetti vettori di malattie un tempo considerate esotiche. La **zanzara tigre** (Aedes albopictus), originaria del sud-est asiatico e ormai endemica in tutta Italia, può trasmettere virus come Dengue, Chikungunya e Zika. I casi autoctoni (cioè non importati da viaggiatori) di queste malattie sono in aumento, costringendo le autorità sanitarie a un monitoraggio costante.

Infine, l'isola di calore crea un **circolo vizioso energetico**: più fa caldo, più usiamo i condizionatori, i quali, per raffrescare l'interno, buttano aria ancora più calda all'esterno, peggiorando ulteriormente la temperatura della città e consumando enormi quantità di energia, che a sua volta contribuisce alle emissioni.

L'Oro Blu che Scarseggia e l'Impatto sull'Economia

Un mondo più caldo è anche un mondo più assetato. L'atmosfera più calda agisce come una spugna, risucchiando umidità da ogni superficie. Le temperature più elevate accelerano l'evaporazione dell'acqua dal suolo, dai fiumi, dai laghi e dai bacini artificiali. Allo stesso tempo, i regimi delle precipitazioni cambiano: le piogge, quando arrivano, sono spesso più intense e concentrate in brevi periodi (le cosiddette "bombe d'acqua"), ma meno distribuite nel tempo. Questo significa che gran parte dell'acqua scorre via troppo velocemente per essere assorbita dal terreno o immagazzinata, provocando alluvioni nell'immediato e non risolvendo il problema della siccità a lungo termine.

L'Italia, "hotspot" climatico nel cuore del Mediterraneo, sta già pagando un prezzo altissimo. La siccità non è più un evento eccezionale, ma una condizione quasi cronica. Le conseguenze economiche sono già tangibili e colpiscono settori vitali.

- **Energia Idroelettrica:** Storicamente, l'energia idroelettrica prodotta grazie ai bacini alpini e appenninici è stata la spina dorsale della produzione energetica italiana. Con la diminuzione delle nevi invernali e la siccità prolungata, la portata dei fiumi e il livello dei bacini artificiali crollano. Negli ultimi anni, la produzione idroelettrica ha subito cali drastici, fino al 40-50% in meno rispetto alla media storica, costringendo il paese a compensare bruciando più gas fossile, con un aumento dei costi in bolletta e delle emissioni.
- **Turismo:** Il turismo, uno dei motori della nostra economia, è estremamente vulnerabile. Sulle Alpi, il turismo invernale è in crisi profonda. Senza neve naturale, molti impianti sciistici a bassa e media quota sopravvivono solo grazie all'innevamento artificiale, un processo costosissimo in termini di acqua ed energia, che diventa insostenibile e inutile

quando le temperature sono troppo alte anche per produrre neve. D'estate, le spiagge sono minacciate dall'erosione e le città d'arte diventano invivibili durante le ondate di calore.

- **Acquacoltura e Pesca:** Settori di eccellenza come la molluschicoltura nel Delta del Po sono in grave difficoltà. L'aumento della temperatura delle acque e la diminuzione della portata del fiume (che non riesce più a "spingere" indietro il mare) causano un aumento della salinità e la proliferazione di alghe e parassiti che uccidono vongole e cozze.

L'Impatto sull'Agricoltura Italiana: Un Patrimonio a Rischio

Se c'è un settore che vive in simbiosi con il clima, è l'agricoltura. E l'agricoltura italiana, un mosaico di biodiversità e di eccellenze invidiate in tutto il mondo, sta soffrendo pesantemente.

- **Vino e Olio:** La viticoltura e l'olivicoltura, pilastri della nostra cultura, sono estremamente sensibili. Ondate di calore prolungate possono "cuocere" l'uva sulla pianta, alterandone il grado zuccherino e l'acidità, e cambiando per sempre il profilo di vini storici. La siccità e il caldo favoriscono la diffusione di parassiti come la mosca dell'olivo. Stiamo assistendo a un progressivo spostamento delle coltivazioni verso altitudini maggiori, in una disperata ricerca di un clima più mite.
- **Grano e Mais:** Le grandi coltivazioni della Pianura Padana, il "granaio d'Italia", dipendono quasi totalmente dall'irrigazione. La siccità prolungata riduce drasticamente le rese, con gravi danni economici per gli agricoltori e un aumento dei prezzi per i consumatori.

- **Frutta e Verdura:** La natura è basata su un equilibrio di tempi e stagioni. Il riscaldamento globale sta mandando in tilt questo orologio. Inverni troppo miti non garantiscono alle piante il necessario riposo, mentre gelate tardive in primavera possono distruggere le fioriture. Le violente grandinate estive, con chicchi di dimensioni mai viste, possono devastare in pochi minuti interi raccolti.

Il pianeta con la febbre non è una metafora. È una realtà fisica che sta ridisegnando i nostri paesaggi, minacciando la nostra salute e mettendo in crisi i sistemi produttivi che ci sostentano. Nel prossimo capitolo, vedremo un'altra conseguenza diretta del riscaldamento globale: l'impatto sul ciclo dell'acqua su scala planetaria, dallo scioglimento dei ghiacciai all'innalzamento degli oceani.

4

Un Clima Malato, un Corpo Malato: la Salute al Tempo della Crisi Climatica

Nei capitoli precedenti abbiamo descritto il pianeta come un paziente con la febbre. Ma questa non è solo una metafora. La crisi climatica non è una minaccia astratta per orsi polari o nazioni lontane; è una crisi sanitaria globale che sta già avendo un impatto profondo e misurabile sulla salute di ognuno di noi, qui in Italia e nel mondo. Il cambiamento climatico è la più grande minaccia per la salute del XXI secolo, come affermato dall'Organizzazione Mondiale della Sanità. Comprendere questo legame indissolubile è fondamentale, perché sposta la questione da un problema puramente "ambientale" a una dimensione che ci tocca nell'intimo: il benessere nostro e dei nostri figli.

Impatti Diretti: Calore, Aria e Acqua

Gli effetti più evidenti del cambiamento climatico sulla nostra salute sono quelli diretti, causati dall'esposizione a condizioni meteorologiche sempre più estreme.

- **Le ondate di calore, killer silenziosi:** Come abbiamo accennato, il caldo estremo è il fenomeno climatico più letale. Non solo provoca colpi di calore e disidratazione, ma agisce come un enorme fattore di stress per l'organismo, specialmente per il sistema cardiovascolare e quello renale. Durante le ondate di calore, si registra un picco di ricoveri e di decessi per infarti, ictus e insufficienza renale. Le persone anziane, i bambini, i malati cronici e le persone con basso reddito che non possono permettersi l'aria condizionata o vivono in case mal isolate sono le vittime principali di questa emergenza silenziosa.

- **L'aria che respiriamo:** Il cambiamento climatico peggiora drasticamente la qualità dell'aria. Il caldo intenso, come abbiamo visto, favorisce la formazione di **ozono troposferico**, un gas aggressivo che irrita le vie respiratorie e può scatenare crisi d'asma. Ma il problema più grande sono gli incendi. Estati sempre più calde e secche creano le condizioni ideali per incendi boschivi più vasti, intensi e difficili da controllare. Il fumo di questi incendi può viaggiare per centinaia di chilometri, trasportando un cocktail tossico di **polveri sottili (PM2.5)** e altri inquinanti che penetrano in profondità nei nostri polmoni, causando problemi respiratori, cardiaci e aumentando il rischio di cancro.

- **L'acqua contaminata:** Le alluvioni e le inondazioni non portano solo distruzione, ma anche rischi sanitari. Le acque alluvionali trascinano con sé agenti inquinanti da fognature, zone industriali e campi agricoli, contaminando le fonti di acqua potabile e aumentando il rischio di epidemie di malattie gastrointestinali, come quelle causate da Escherichia coli o dal Norovirus.

Impatti Indiretti: Malattie Infettive e Vettori in Movimento

Il cambiamento climatico sta ridisegnando la mappa geografica delle malattie infettive. Temperature più elevate e inverni più miti permettono a insetti vettori di malattie, un tempo confinati alle aree tropicali, di sopravvivere, riprodursi e diffondersi a latitudini sempre più elevate, inclusa l'intera penisola italiana.

- **La minaccia delle zanzare:** La **zanzara tigre (Aedes albopictus)**, originaria del sud-est asiatico, è ormai un abitante stabile delle nostre città. Questo insetto è un vettore competente per virus come la **Dengue**, la **Chikungunya** e **Zika**. Fino a pochi anni fa, i casi di queste malattie in Italia erano solo "importati" da persone che avevano viaggiato in zone endemiche. Oggi, assistiamo a un numero crescente di focolai autoctoni, dove la trasmissione avviene direttamente sul nostro territorio da una zanzara che ha punto una persona infetta. Allo stesso modo, la zanzara comune (Culex pipiens) può trasmettere il **West Nile Virus**, una malattia che sta vedendo una preoccupante espansione in Pianura Padana e in altre aree del paese.
- **Altri vettori:** Non solo zanzare. Anche le zecche, favorite da inverni più miti, stanno espandendo il loro areale e il loro periodo di attività, aumentando il rischio di trasmissione della malattia di Lyme e della TBE (encefalite da zecca).

Sicurezza Alimentare e Nutrizione: un Problema Nascosto

L'impatto del clima sulla nostra salute passa anche attraverso il cibo che mangiamo. Come abbiamo visto, eventi estremi come siccità e alluvioni possono distruggere i raccolti, minacciando la disponibilità di cibo e facendone aumentare i prezzi. Ma c'è un problema ancora più subdolo: la qualità nutrizionale. Diversi studi scientifici hanno dimostrato che l'aumento della concentrazione di CO_2 nell'atmosfera ha un effetto "fertilizzante" su alcune piante come grano e riso, facendole crescere più in fretta. Tuttavia, questa crescita accelerata avviene a scapito della qualità: le piante contengono meno proteine, meno minerali essenziali (come zinco e ferro) e meno vitamine. Questo fenomeno, noto come **"diluizione nutritiva"**, minaccia di peggiorare i problemi di malnutrizione a livello globale.

La Ferita Invisibile: l'Impatto sulla Salute Mentale

Infine, la crisi climatica lascia cicatrici profonde anche sulla nostra psiche. L'impatto sulla salute mentale è una dimensione a lungo trascurata, ma oggi riconosciuta come gravissima.

- **Stress post-traumatico e ansia:** Sopravvivere a un evento climatico estremo – un'alluvione che distrugge la tua casa, un incendio che minaccia la tua città – è un'esperienza profondamente traumatica. Le persone colpite spesso soffrono di disturbo da stress post-traumatico (PTSD), ansia, depressione e insonnia per mesi o anni.
- **Eco-ansia e Solastalgia:** Anche per chi non vive un trauma diretto, la consapevolezza della crisi climatica può essere un peso psicologico enorme. L'**eco-ansia** è definita come una "paura cronica della catastrofe ambientale". È una preoccupazione persistente e opprimente per il futuro del pianeta e delle prossime generazioni. La **solastalgia**, un termine coniato dal filosofo Glenn Albrecht, è invece una forma

di angoscia e di nostalgia che si prova quando l'ambiente familiare intorno a noi cambia in modo irriconoscibile. È il dolore che prova un montanaro nel vedere il suo ghiacciaio scomparire, o un contadino nel vedere i suoi campi inariditi.

Riconoscere che la crisi climatica è anche una crisi sanitaria ci permette di affrontarla con un'urgenza ancora maggiore. Proteggere il clima significa proteggere i nostri polmoni, il nostro cuore, il nostro cibo e la nostra serenità mentale. Significa, in ultima analisi, proteggere noi stessi.

5

L'Acqua che Sale e che Manca: Ghiacciai, Oceani e Crisi Idriche

La febbre del pianeta di cui abbiamo parlato nel capitolo precedente ha un effetto immediato, visibile e drammatico: scioglie il ghiaccio. Proprio come un cubetto lasciato al sole, le immense riserve di acqua solida della Terra – i ghiacciai montani, le calotte polari, il permafrost – si stanno riducendo a un ritmo allarmante. Questo fenomeno innesca una reazione a catena che sta alterando profondamente il ciclo dell'acqua del pianeta, manifestandosi in due modi apparentemente opposti ma intimamente legati: l'acqua degli oceani che sale inesorabilmente e l'acqua dolce che sulla terraferma viene a mancare proprio quando ne avremmo più bisogno.

I Giganti Morenti: Ghiacciai Alpini e il Concetto di "Picco Idrico"

Per un italiano, il simbolo più vicino, visibile e doloroso di questo scioglimento sono i ghiacciai alpini. Non sono più i "giganti eterni" descritti nei libri di scuola, ma pazienti malati in fase terminale, in ritirata costante e visibile a occhio nudo anno dopo anno. Il ghiacciaio della Marmolada, il più grande delle Dolomiti, ha perso oltre l'80% del suo volume negli ultimi cento anni e gli scienziati prevedono la sua quasi totale scomparsa entro i prossimi 15-20 anni. Ogni estate, le immagini dei suoi "brandelli" di ghiaccio grigiastro circondati da detriti rocciosi sono una ferita aperta nel nostro immaginario collettivo, il ritratto di una morte lenta.

Vedere questi giganti bianchi svanire non è solo una perdita estetica, culturale o turistica. I ghiacciai alpini sono le nostre "torri d'acqua", i nostri più grandi serbatoi naturali. Funzionano come un sistema di rilascio intelligente: immagazzinano le precipitazioni invernali sotto forma di neve e ghiaccio, e le rilasciano gradualmente come acqua di fusione durante la primavera e l'arida estate. Quest'acqua alimenta i nostri fiumi più importanti, primo fra tutti il Po, proprio quando ce n'è più bisogno, garantendo l'approvvigionamento idrico per l'agricoltura della Pianura Padana, per l'industria del Nord Italia e per le nostre città.

Qui si inserisce un concetto cruciale ma controintuitivo: il **"picco idrico" glaciale**. In una prima fase del riscaldamento, la fusione accelerata fa aumentare la quantità d'acqua che scende a valle in estate, dando una falsa sensazione di abbondanza. Ma una volta che il ghiacciaio si è ridotto oltre una certa soglia critica (il "picco"), la quantità di acqua di fusione estiva inizia a diminuire drasticamente e irreversibilmente, perché semplicemente non c'è più abbastanza ghiaccio da sciogliere. Molti bacini alpini hanno già superato questo picco. Questo significa che le crisi idriche estive, come quelle viste negli ultimi anni, sono destinate a diventare la nuova normalità.

Inoltre, il ritiro dei ghiacci crea nuovi pericoli. Lascia scoperte pareti di roccia rese fragili dal ciclo di gelo e disgelo, aumentando il rischio di frane. Il tragico crollo di un seracco sulla Marmolada nel luglio 2022, che ha causato undici vittime, è un terribile e letale monito. In più, la fusione crea nuovi laghi glaciali, spesso contenuti da fragili argini di detriti (le morene). Questi laghi possono svuotarsi improvvisamente, causando devastanti inondazioni a valle (fenomeno noto come GLOF – Glacial Lake Outburst Flood).

Le Calotte Polari e i Temibili "Punti di Non Ritorno"

Su scala globale, la situazione è ancora più drammatica. Le immense calotte polari della Groenlandia e dell'Antartide, che insieme contengono quasi il 99% dell'acqua dolce del pianeta, stanno perdendo ghiaccio a un ritmo vertiginoso. Ma il pericolo più grande è rappresentato dai cosiddetti **"punti di non ritorno" (tipping points)**. Un punto di non ritorno è una soglia critica superata la quale un sistema cambia in modo brusco, rapido e spesso irreversibile, anche se la causa iniziale del cambiamento venisse rimossa.

La scienza ci avverte che le calotte polari, in particolare quella della Groenlandia e la porzione occidentale dell'Antartide, potrebbero essere vicine a uno di questi punti. I meccanismi sono complessi:

- In **Groenlandia**, la perdita di altitudine della calotta la espone ad aria più calda, accelerando la fusione. Inoltre, l'acqua di fusione che si forma in superficie scava canali nel ghiaccio (i *moulin*) e arriva fino alla base, agendo come un lubrificante che fa scivolare più velocemente il ghiacciaio verso il mare.

- In **Antartide Occidentale**, gran parte della calotta poggia su un basamento roccioso che si trova sotto il livello del mare e che degrada verso l'interno. L'acqua oceanica più calda si infiltra alla base dei ghiacciai, sciogliendoli dal basso e facendo arretrare la "linea di ancoraggio" (grounding line). Superato un certo punto, questo processo potrebbe diventare auto-alimentato e inarrestabile.

Superare questi tipping points significherebbe condannare le generazioni future a un innalzamento del livello del mare non di centimetri, ma di diversi metri, un processo lento ma inesorabile che ridisegnerebbe le mappe del mondo.

Il Mare che Sale: Un Pericolo Silenzioso e Inesorabile

L'innalzamento del livello del mare è una delle conseguenze più certe e pericolose del cambiamento climatico. Avviene principalmente per due ragioni:

1. **L'espansione termica:** L'acqua, quando si riscalda, si espande. Poiché gli oceani hanno assorbito oltre il 90% del calore in eccesso intrappolato dai gas serra, si stanno riscaldando e, di conseguenza, espandendo.
2. **La fusione dei ghiacci terrestri:** L'acqua proveniente dallo scioglimento dei ghiacciai e delle calotte polari si aggiunge al volume totale degli oceani.

Per l'Italia, un paese-penisola con quasi 8.000 chilometri di coste densamente popolate, questo è un allarme rosso. Oltre a **Venezia** e al **Delta del Po**, ci sono molte altre aree estremamente vulnerabili: le pianure costiere del Lazio (come l'Agro Pontino), della Campania (la Piana del Sele) e della Puglia; le aree intorno a Oristano e Cagliari in Sardegna; intere fasce della costa siciliana. Il problema non è solo la perdita permanente di terra, ma una serie di impatti a cascata:

- **Inondazioni costiere più frequenti:** Un livello del mare più alto funge da "trampolino" per le mareggiate, che riescono a penetrare molto più nell'entroterra.
- **Erosione delle spiagge:** Molte delle nostre spiagge stanno letteralmente scomparendo, divorate da un mare più alto e più aggressivo, con danni enormi per il turismo.
- **Salinizzazione delle falde acquifere:** L'acqua salata si infiltra nel sottosuolo, contaminando le falde di acqua dolce. Questo rende inutilizzabili i pozzi per l'irrigazione agricola e, in alcuni casi, anche per l'approvvigionamento di acqua potabile, costringendo le comunità a cercare fonti alternative più lontane e costose.

L'Altro Lato della Medaglia: Alluvioni e Inondazioni

Sembra un paradosso: come possiamo soffrire di siccità e, allo stesso tempo, essere colpiti da alluvioni sempre più devastanti? La risposta sta ancora una volta nell'alterazione del ciclo dell'acqua, che sta diventando più estremo.

Un'atmosfera più calda è un'atmosfera più "energica" e in grado di trattenere più vapore acqueo (circa il 7% in più per ogni grado Celsius di riscaldamento). Si comporta come una spugna più grande e più assetata. Per lunghi periodi può non piovere, favorendo la siccità e seccando i terreni fino a renderli duri e impermeabili come il cemento. Ma quando le condizioni meteorologiche sono favorevoli, quella "spugna" carica di umidità viene strizzata con una violenza inaudita, scaricando a terra enormi quantità d'acqua in pochissimo tempo. Questi eventi estremi, che chiamiamo "bombe d'acqua" o alluvioni lampo, trovano un territorio sempre più fragile, dove l'eccessiva cementificazione e l'impermeabilizzazione del suolo nelle aree urbane impediscono all'acqua di filtrare, peggiorando la situazione. I tragici eventi che hanno colpito le Marche nel 2022 e l'Emilia-Romagna nel 2023 sono esempi perfetti di questa dinamica letale.

Il cambiamento climatico, quindi, non rende il clima semplicemente più caldo, ma più estremo, instabile e imprevedibile. Altera l'equilibrio del sistema idrico, regalandoci un futuro di paradossi: estati torride e secche interrotte da eventi alluvionali catastrofici. L'acqua, fonte di vita, diventa così una minaccia imprevedibile. Nel prossimo capitolo, vedremo come questa profonda alterazione del clima e del ciclo dell'acqua stia avendo un impatto devastante su tutti gli altri esseri viventi, minacciando quel tesoro inestimabile che è la biodiversità.

6

Un Tesoro a Rischio: La Minaccia alla Biodiversità

Il nostro pianeta è un'immensa e intricata biblioteca della vita, un capolavoro evolutivo dove ogni specie, dal più piccolo batterio nel suolo alla maestosa balenottera azzurra, è un volume unico, prezioso e insostituibile. L'insieme di tutti questi volumi, le loro interazioni e gli ambienti in cui vivono è ciò che chiamiamo **biodiversità**: la straordinaria varietà di geni, di specie e di ecosistemi sulla Terra.

Questa ricchezza, però, non è solo bella da vedere o interessante da studiare; è la base stessa del nostro benessere e della nostra sopravvivenza. È il "sistema di supporto vitale" del pianeta che, silenziosamente e gratuitamente, ci fornisce i cosiddetti **servizi ecosistemici**: l'ossigeno che respiriamo (prodotto da foreste e plancton), l'acqua pulita (filtrata da zone umide e suoli sani), il cibo che mangiamo (grazie all'impollinazione e alla fertilità del suolo), le medicine (molte derivate da piante), e la protezione da frane e inondazioni (garantita da foreste e barriere coralline).

Il cambiamento climatico agisce come un incendio silenzioso

e pervasivo in questa biblioteca. Non si limita a bruciare qualche pagina qua e là, ma minaccia di distruggere intere sezioni, di alterare le fondamenta dell'edificio, cancellando per sempre volumi che si sono evoluti in milioni di anni. La crisi climatica e la crisi della biodiversità non sono due problemi separati da affrontare in parallelo, ma due facce della stessa medaglia: una alimenta l'altra in un circolo vizioso sempre più pericoloso.

Ecosistemi che Cambiano: Chi si Sposta, Chi Soccombe

Ogni specie vivente è finemente adattata a specifiche condizioni climatiche, la sua "nicchia" ecologica. Quando queste condizioni cambiano rapidamente come sta accadendo ora, le specie hanno di fronte a sé solo tre opzioni, nessuna delle quali è priva di rischi: adattarsi, spostarsi o estinguersi.

- **Spostarsi:** Molte specie stanno letteralmente facendo le valigie, cercando di "inseguire" il loro clima ideale. Questa migrazione avviene tipicamente in due direzioni: verso i poli (nord o sud) o verso altitudini maggiori. Sulle nostre Alpi, stiamo vedendo piante e animali tipici di quote più basse, come il faggio o il capriolo, spostarsi sempre più in alto. Questo li porta a entrare in competizione per lo spazio e le risorse con le specie autoctone di alta quota, come la stella alpina, la pernice bianca o il gallo cedrone, che sono specialiste del freddo e che, a loro volta, non hanno più nessun posto dove andare. Sono intrappolate sulla cima della montagna, in una sorta di "scala mobile verso l'estinzione". Il problema è che non tutte le specie si muovono alla stessa velocità. Le piante si spostano lentamente, gli insetti più velocemente, gli uccelli ancora di più. Questo crea **comunità ecologiche "senza analoghi"**, cioè associazioni di specie che non sono mai esistite prima, con interazioni e conseguenze del tutto imprevedibili per la stabilità dell'ecosistema.

· **Adattarsi e il "Mismatch" Fenologico:** L'adattamento genetico è un processo evolutivo troppo lento per il ritmo del cambiamento attuale. Stiamo però assistendo a un cambiamento nei tempi dei cicli biologici (la "fenologia"). Molte piante fioriscono in anticipo, gli uccelli migratori arrivano prima, gli insetti emergono dalle loro larve in momenti diversi. Questo può sembrare innocuo, ma crea pericolose **"mancate corrispondenze" temporali** (phenological mismatch). Immagina questo scenario, già osservato in natura: la primavera anticipata fa schiudere prima le uova dei bruchi. Gli uccelli migratori, che regolano il loro arrivo su segnali antichi come la lunghezza delle ore di luce, arrivano al nido nel periodo consueto, ma trovano che il picco di abbondanza dei bruchi, cibo essenziale per i loro piccoli, è già passato. Le nidiate, di conseguenza, muoiono di fame e la popolazione di uccelli declina. L'intera, complessa orchestra della natura, basata su una sincronia perfetta, sta andando fuori tempo.

· **Estinguersi:** Quando una specie non può né spostarsi né adattarsi, l'unica, tragica alternativa è la scomparsa. Gli scienziati avvertono con crescente allarme che siamo nel mezzo della sesta estinzione di massa della storia del pianeta, la prima causata direttamente da una singola specie: l'Homo sapiens. Il cambiamento climatico agisce come un "moltiplicatore di minacce", esacerbando gli effetti della distruzione degli habitat, dell'inquinamento e dello sfruttamento eccessivo delle risorse, e spingendo sempre più specie sull'orlo del baratro.

L'Oceano Malato: Acidificazione, Deossigenazione e Ondate di Calore Marine

Se c'è un ecosistema che sta soffrendo in modo profondo e spesso invisibile, questo è l'oceano. Assorbendo gran parte del calore e della CO_2 in eccesso, ci ha fatto un enorme "sconto" sugli effetti del cambiamento climatico, ma a un costo altissimo per la sua stessa salute. Oltre a riscaldarsi, sta subendo altri due cambiamenti devastanti:

- **Acidificazione:** Circa un quarto della CO_2 che emettiamo viene assorbito dagli oceani. Qui, reagisce con l'acqua (H_2O) formando acido carbonico (H_2CO_3), in un processo chimico che abbassa il pH del mare, rendendolo più acido. Dall'inizio della rivoluzione industriale, l'acidità media degli oceani è già aumentata del 30%. Questo processo, noto come "l'altro problema della CO_2", rende più difficile per miliardi di organismi costruire i loro gusci e scheletri di carbonato di calcio. I coralli, i molluschi (cozze, vongole, ostriche), i ricci di mare e soprattutto il microscopico plancton calcareo (come coccolitofori e pteropodi), che è alla base della catena alimentare di interi ecosistemi, faticano a crescere o vedono i loro gusci letteralmente corrodersi.
- **Deossigenazione:** Un oceano più caldo è un oceano che trattiene meno ossigeno disciolto, proprio come una bibita gassata tiepida perde più in fretta le sue bollicine. A questo si aggiunge l'inquinamento da nutrienti (azoto e fosforo) provenienti dai fertilizzanti agricoli, che finiscono nei fiumi

e poi in mare, causando fioriture esplosive di alghe. Quando queste alghe muoiono e si decompongono sul fondale, i batteri che se ne nutrono consumano enormi quantità di ossigeno. Il risultato è la creazione di vaste "zone morte" (dead zones), aree con così poco ossigeno da non poter sostenere la maggior parte della vita marina, costringendo pesci e altri organismi a fuggire o a morire.

- **Ondate di Calore Marine:** Proprio come sulla terraferma, anche gli oceani sperimentano ondate di calore, ovvero periodi prolungati in cui la temperatura superficiale del mare è eccezionalmente alta. Questi eventi stanno diventando più frequenti e intensi, e hanno effetti devastanti: causano lo sbiancamento di massa delle barriere coralline, provocano morie di pesci e uccelli marini, e favoriscono la proliferazione di alghe tossiche.

Il Tesoro Sommerso del Mediterraneo: La Posidonia Oceanica

La minaccia alla biodiversità non riguarda solo luoghi esotici. Nel cuore del nostro Mar Mediterraneo esiste un ecosistema fondamentale, ma spesso ignorato: le **praterie di Posidonia oceanica**. Non è un'alga, ma una vera e propria pianta superiore, con radici, fusto e foglie, che forma vaste praterie sottomarine. La Posidonia è un "ingegnere ecosistemico", cioè una specie che crea e mantiene il proprio habitat.

La sua importanza è vitale:

1. **È il polmone del Mediterraneo:** Produce enormi quantità di ossigeno.
2. **È una "nursery" per la fauna marina:** Le sue fronde

offrono rifugio e nutrimento a centinaia di specie di pesci, molluschi e crostacei, molte delle quali di interesse commerciale. La salute della pesca artigianale dipende direttamente dalla salute delle praterie.

3. **Protegge le nostre coste:** Il suo fitto intreccio di radici (chiamato "rizoma") consolida il fondale, mentre le foglie smorzano l'energia delle onde, contrastando l'erosione delle spiagge in modo molto più efficace ed economico di qualsiasi barriera artificiale. Gli accumuli di foglie secche che troviamo sulla spiaggia (le *banquette*) non sono sporcizia, ma una preziosa barriera naturale.

4. **Immagazzina carbonio:** Le praterie di Posidonia sono un incredibile "pozzo di carbonio blu", assorbendo e immagazzinando CO_2 nei loro sedimenti per secoli.

Oggi, questo tesoro è gravemente minacciato. L'aumento della temperatura del mare la indebolisce, l'inquinamento e la torbidità dell'acqua (che riduce la luce) la soffocano, e le ancore delle imbarcazioni da diporto la strappano via. La sua perdita sarebbe una catastrofe ecologica ed economica per tutto il Mediterraneo.

Ogni specie che perdiamo è un filo strappato dalla complessa e meravigliosa rete della vita. E man mano che questa rete si indebolisce e si sfilaccia, la sua capacità di fornirci i servizi essenziali per la nostra sopravvivenza diminuisce. Proteggere la biodiversità non è un lusso, non è un atto di generosità verso "la natura". È un atto di lungimiranza e di autoconservazione.

Abbiamo visto come il pianeta si stia riscaldando, come il ciclo dell'acqua sia impazzito e come il tessuto della vita si stia logorando. Abbiamo guardato in faccia la realtà. Ora è il momento di voltare pagina, di passare dalla diagnosi alla cura. Nella prossima parte del libro, scopriremo finalmente cosa possiamo fare, tutti noi, per diventare parte della soluzione.

III

LA SPERANZA - DIVENTARE PARTE DELLA SOLUZIONE

Dopo aver esplorato le cause e toccato con mano gli effetti spesso angoscianti del cambiamento climatico, è facile sentirsi smarriti, persino sopraffatti. Ma è proprio qui, al culmine della consapevolezza, che inizia la parte più importante e costruttiva del nostro viaggio. Questa non è la fine della storia, è l'inizio del nostro ruolo da protagonisti.

7

La Rivoluzione Inizia a Casa: Energia, Acqua e Rifiuti

Le nostre case sono il nostro rifugio, il centro dei nostri affetti e della nostra vita quotidiana. Sono anche, spesso a nostra insaputa, delle piccole centrali di consumo di risorse e di produzione di emissioni. Ogni volta che accendiamo una luce, apriamo un rubinetto, accendiamo un elettrodomestico o buttiamo via qualcosa, compiamo un'azione che ha un'impronta ecologica, un piccolo ma reale impatto sul pianeta. La buona notizia? Questo significa che le nostre case sono anche il primo e più potente laboratorio in cui possiamo sperimentare il cambiamento, il punto di partenza della nostra rivoluzione personale per il clima.

Ridurre il nostro impatto domestico non significa tornare all'età della pietra, rinunciare al comfort o fare sacrifici insostenibili. Significa, al contrario, diventare più intelligenti, più consapevoli e meno sprecone. Significa usare meglio le risorse, non usarne di meno in assoluto. Spesso, come vedremo, significa anche migliorare la qualità della nostra vita, aumentare il comfort abitativo e risparmiare parecchio denaro. Analizziamo i tre flussi principali che attraversano le nostre abitazioni: energia, acqua e materiali (che poi diventano rifiuti).

1. Il Check-up Energetico Fai-da-Te: Diventa Detective delle Tue Bollette

Prima di poter agire, dobbiamo capire. Gran parte delle emissioni di una famiglia media deriva dal consumo di energia per il riscaldamento, il raffrescamento, la produzione di acqua calda, l'illuminazione e l'alimentazione degli elettrodomestici. Diventare "detective" dell'energia in casa nostra è il primo passo, e spesso non costa nulla.

· **Leggi le tue bollette:** Le bollette di luce e gas non sono solo documenti da pagare, ma veri e propri report sul tuo stile di vita. Impara a leggerle. Controlla il tuo consumo annuo in kWh (per l'elettricità) e in Smc (Standard Metro Cubo, per il gas). Confrontalo con quello dell'anno precedente. Se hai un contatore elettrico moderno, la bolletta riporterà i consumi divisi per fasce orarie (F1, F2, F3). Questo ti aiuta a capire se consumi di più durante il giorno, quando l'energia costa di più, o la sera e nei weekend. È il primo indizio per capire dove si annidano i tuoi consumi.
· **Fai un "walk-through" energetico:** Dedica mezz'ora a ispezionare la tua casa con occhio critico. In una giornata fredda e ventosa, passa lentamente una mano (o la fiamma di una candela, con molta attenzione) lungo i bordi di finestre e porte. Senti degli spiffen? Quelli sono "buchi" da cui il calore (e i tuoi soldi) scappano via. Tocca i muri esterni: sono molto freddi al tatto? Potrebbe essere un segnale di scarso isolamento. Che età ha la tua caldaia? Se ha più di

15 anni, probabilmente è poco efficiente e sostituirla con una moderna a condensazione ti farebbe risparmiare fino al 20-30% sui consumi di gas.

Questo semplice check-up ti darà una mappa precisa dei punti deboli della tua casa, indicandoti dove intervenire con maggiore efficacia.

2. Efficienza Energetica: Meno Sprechi, Più Comfort

Una volta individuati i punti deboli, possiamo agire. L'energia più pulita è quella che non consumiamo.

- **L'isolamento prima di tutto:** La priorità numero uno per una casa efficiente è l'isolamento termico. È inutile avere una caldaia super efficiente se poi il calore prodotto scappa subito all'esterno. Se ne hai la possibilità, l'intervento più risolutivo è il "cappotto termico", che isola le pareti esterne. Ma anche interventi meno invasivi fanno un'enorme differenza: sostituire i vecchi infissi con finestre a doppio o triplo vetro riduce drasticamente le dispersioni. Sigillare gli spifferi con guarnizioni adesive o paraspifferi è una soluzione economica e immediata. Un buon isolamento non solo riduce le bollette invernali, ma mantiene la casa più fresca d'estate, riducendo la necessità di usare l'aria condizionata. È un investimento che migliora il comfort, la salute (riducendo umidità e muffe) e il valore economico della casa, spesso supportato da incentivi statali.
- **Stand-by, il vampiro silenzioso:** Quella piccola lucina rossa sugli elettrodomestici? È un segnale di consumo. Apparecchi in stand-by (TV, decoder, console per video-

giochi, computer, macchinette del caffè) possono arrivare a pesare fino al 10% della bolletta elettrica annuale. La soluzione è semplice ed economica: usare prese multiple con interruttore (le cosiddette "ciabatte") per spegnere completamente i dispositivi quando non li usiamo.

· **Illuminazione efficiente e uso intelligente degli elettrodomestici:** Passa completamente all'illuminazione a LED. Avvia lavatrice e lavastoviglie solo a pieno carico e usa i cicli "eco". Un lavaggio a 30°C consuma la metà dell'energia di uno a 60°C. Per il frigorifero, non inserire cibi caldi e controlla che le guarnizioni della porta siano integre.

3. Ogni Goccia Conta: L'Acqua Visibile e Quella Invisibile

Come abbiamo visto, l'acqua è una risorsa sempre più sotto stress. Ridurne lo spreco in casa è un dovere civico.

· **In bagno e in cucina:** Le regole d'oro sono semplici. Preferisci la doccia al bagno, installa rompigetto sui rubinetti e un soffione a basso flusso per la doccia. Chiudi l'acqua mentre ti lavi i denti. Usa l'acqua di cottura della pasta, ricca di amido, per sgrassare i piatti prima di lavarli, o (una volta freddata) per innaffiare le piante. Se hai un balcone o un piccolo giardino, installa una semplice botte per la **raccolta dell'acqua piovana** da usare per l'irrigazione: è gratuita e priva di calcare.

· **L'acqua "virtuale":** Ogni oggetto che possediamo ha un'impronta idrica nascosta. Per produrre un singolo paio di jeans, dalla coltivazione del cotone alla tintura, possono servire fino a 10.000 litri d'acqua. Per uno smartphone, centinaia. Essere consapevoli di quest'acqua "virtuale" ci aiuta a capire che ridurre i nostri consumi di oggetti superflui è anche un modo potentissimo per risparmiare acqua a livello globale.

4. Le 5 "R" dei Rifiuti: Un Nuovo Mantra per il Consumo

Il miglior rifiuto è quello che non viene prodotto. Adottare la filosofia delle 5 "R" può trasformare il nostro approccio.

1. **Rifiuta:** Il passo più potente. Impara a dire di no a ciò che non ti serve: volantini, gadget inutili, cannucce, sacchetti monouso.
2. **Riduci:** Compra meno e meglio. Privilegia la qualità sulla quantità. Scegli prodotti sfusi o con meno imballaggi.
3. **Riusa:** Dai una seconda vita agli oggetti. Prima di buttare, chiediti: "Posso ripararlo? Posso dargli un'altra funzione?". Usa piattaforme online come Vinted o Subito per vendere o scambiare ciò che non usi più. Partecipa a "swap party" o cerca servizi di noleggio per oggetti che usi raramente (es. attrezzi per il bricolage).
4. **Ricicla (ma nel modo giusto):** Fai la raccolta differenziata seguendo le regole del tuo comune. Ma attenzione al **"wish-cycling"**, ovvero gettare qualcosa nel bidone della differenziata "sperando" che sia riciclabile. Questo comportamento contamina i materiali, rendendo intere partite di raccolta inutilizzabili. Esempi comuni di errori: gli scontrini (carta termica, non riciclabile), i cartoni della pizza unti (la parte unta va nell'umido, quella pulita nella

carta), i bicchieri di carta per bevande calde (spesso hanno un sottile strato di plastica interna). Nel dubbio, consulta il sito del tuo comune o getta nell'indifferenziato. Riciclare bene è meglio che riciclare tanto.

5. **Racconta (e Rot – "compostare"):** Condividi le tue scelte. Parla di queste pratiche con amici e familiari. E se puoi, fai il compost! Trasformare i tuoi scarti organici in fertile terriccio chiude il cerchio e riduce la produzione di metano in discarica.

La rivoluzione per il clima non richiede gesti eroici, ma inizia con la somma di innumerevoli piccole attenzioni. Prendersi cura della propria casa, in questo senso più ampio, significa prendersi cura della nostra casa comune, il pianeta. Nel prossimo capitolo, sposteremo la nostra attenzione dal carrello della spesa al piatto, scoprendo l'enorme potere delle nostre scelte alimentari.

8

Il Potere nel Piatto: Alimentazione e Impatto Ambientale

Se c'è un'arena in cui esercitiamo il nostro potere di consumatori più volte al giorno, tre volte al giorno, quella è la tavola. Le scelte che compiamo riguardo al cibo che mangiamo hanno un impatto diretto, profondo e spesso sottovalutato sulla salute del pianeta. Come abbiamo visto nel capitolo sulle cause, il sistema alimentare globale – dalla produzione dei fertilizzanti alla deforestazione per creare pascoli, dal consumo di acqua ai trasporti – è responsabile di circa un terzo di tutte le emissioni di gas serra prodotte dall'uomo.

Questa è una statistica impressionante, che può quasi spaventare. Ma guardiamola da un'altra prospettiva: è una straordinaria opportunità. Significa che ogni colazione, ogni pranzo e ogni cena sono un'occasione per "votare con la forchetta" per un mondo più sano, più giusto e più sostenibile. Non si tratta di sentirsi in colpa per una fetta di salame o di imporre a tutti di diventare vegani dall'oggi al domani. Si tratta di acquisire una nuova consapevolezza, di fare piccoli, progressivi cambiamenti che, moltiplicati per milioni di persone, hanno un potere trasformativo enorme. Esploriamo insieme le leve fondamentali per ridurre l'impronta ecologica del nostro piatto, riscoprendo spesso la saggezza della nostra tradizione.

1. Conoscere l'Impronta: Non Tutti i Cibi Sono Uguali

Ogni alimento che arriva sulla nostra tavola ha una storia, un percorso. Una storia fatta di terra, acqua, energia, trasporti e lavoro. La somma di tutte le risorse utilizzate e delle emissioni prodotte lungo l'intera filiera, "dal campo alla tavola", costituisce la sua "impronta ecologica". E le differenze tra i vari cibi sono enormi.

- **L'impronta di carbonio:** Questa misura quanti gas serra vengono emessi per produrre un chilo di alimento. In cima alla classifica, purtroppo, troviamo la carne di ruminanti (bovino e ovino). Questo è dovuto a una "tempesta perfetta" di fattori: le potenti emissioni di metano prodotte dalla digestione, la deforestazione per creare pascoli e la produzione di mangimi. A seguire troviamo i formaggi (richiedono grandi quantità di latte), la carne di maiale e il pollame. In fondo alla classifica, con un'impronta bassissima, ci sono i veri campioni della sostenibilità: i legumi (lenticchie, fagioli, ceci), la frutta secca, la verdura e la frutta. Per dare un'idea concreta: le emissioni generate per produrre un solo hamburger di manzo equivalgono a quelle di un'auto a benzina che percorre circa 10-15 chilometri. Le emissioni per un hamburger di fagioli sono quasi trascurabili in confronto.
- **L'impronta idrica:** Questa misura quanti litri d'acqua sono necessari per produrre un chilo di alimento. Anche qui, i

prodotti di origine animale sono i più esigenti. Per produrre un solo chilo di manzo servono in media oltre 15.000 litri d'acqua. È una quantità d'acqua sufficiente a riempire la vasca da bagno più di 100 volte. Per un chilo di formaggio ne servono circa 5.000, per il pollo 4.300. Per contro, per un chilo di verdure ne bastano in media 300 e per un chilo di cereali come il grano 1.600.

2. La Dieta Amica del Clima: un Ritorno alla Dieta Mediterranea

Come possiamo tradurre questa consapevolezza in pratica? La buona notizia è che non dobbiamo inventare nulla di nuovo o esotico. La soluzione è già parte della nostra cultura: si tratta di riscoprire i veri principi della **Dieta Mediterranea tradizionale**, un modello alimentare celebrato in tutto il mondo per i suoi benefici sulla salute e, come scopriamo oggi, anche per la sua incredibile sostenibilità.

La Dieta Mediterranea originale, quella dei nostri nonni, non era basata su un alto consumo di carne. Era una dieta prevalentemente vegetale:

- **La base:** Cereali integrali (pane, pasta), legumi (veri protagonisti), verdura e frutta di stagione.
- **Il condimento:** Olio extravergine di oliva.
- **Il consumo moderato:** Piccole quantità di formaggio, pesce (specialmente pesce azzurro), uova e pollame.
- **L'eccezione:** La carne rossa era riservata alle feste e alle occasioni speciali, consumata pochissime volte al mese.

Adottare una dieta amica del clima significa, in sostanza, tornare a questo modello virtuoso, seguendo tre semplici principi.

1. **Più vegetale:** Questo è il cambiamento più impattante. Prova a introdurre la regola del "Meatless Monday" (Lunedì senza carne) o a stabilire uno o due giorni completamente vegetariani a settimana. Riscopri la ricchezza della cucina italiana a base di legumi e verdure.

2. **Locale e a Km 0:** Scegliere prodotti coltivati vicino a casa supporta l'economia del territorio, garantisce freschezza e riduce drasticamente le emissioni legate al trasporto.

3. **Stagionale:** Mangiare fragole a dicembre o arance a luglio significa consumare prodotti coltivati in serre riscaldate o che hanno viaggiato per migliaia di chilometri. Rispettare la stagionalità significa mangiare cibi più saporiti, nutrienti e con un impatto ambientale molto più basso.

3. Oltre il Cibo: i "Chilometri Alimentari" e i Cibi Ultra-Processati

L'impatto di ciò che mangiamo non dipende solo dal tipo di alimento, ma anche da quanta strada ha percorso e da quanto è stato trasformato.

- **I "Chilometri Alimentari" (Food Miles):** Questo concetto si riferisce alla distanza che un alimento percorre dal luogo di produzione al nostro piatto. Un cibo che ha viaggiato in aereo dall'altra parte del mondo (come asparagi dal Perù o fagiolini dal Kenya) ha un'impronta di carbonio legata al trasporto che può essere decine di volte superiore a quella di un prodotto locale, anche se quest'ultimo non è biologico.

Scegliere locale è quasi sempre la scelta migliore per il clima.

- **Il costo energetico dei cibi ultra-processati:** I cibi che hanno subito lunghe lavorazioni industriali (merendine, snack confezionati, piatti pronti, bevande zuccherate) hanno un'impronta ecologica nascosta molto alta. Richiedono energia per la trasformazione, la raffinazione degli ingredienti, la produzione di additivi, il confezionamento (spesso in plastica multistrato non riciclabile) e la refrigerazione lungo tutta la filiera. Una dieta basata su cibi freschi, integrali e poco lavorati non è solo più sana, ma anche molto più leggera per il pianeta.

4. Navigare tra le Etichette: Cosa Significano le Certificazioni?

Fare la spesa può essere complicato. Le etichette, però, possono aiutarci a fare scelte più consapevoli.

- **Biologico:** La certificazione biologica (il logo con la foglia verde dell'UE) garantisce che il prodotto sia stato coltivato senza l'uso di pesticidi e fertilizzanti chimici di sintesi, che sono dannosi per la salute del suolo, inquinano le falde acquifere e richiedono molta energia per essere prodotti. L'agricoltura biologica promuove la biodiversità e la fertilità naturale del terreno.
- **Commercio Equo e Solidale (Fair Trade):** Questa certificazione, che trovi spesso su prodotti come caffè, cacao, banane e zucchero, assicura che ai produttori dei paesi del Sud del mondo sia stato pagato un prezzo giusto, garantendo condizioni di lavoro dignitose e spesso promuovendo pratiche agricole sostenibili. Scegliere equosolidale collega

la giustizia sociale a quella ambientale.

- **DOP/IGP:** Le denominazioni di Origine Protetta e di Indicazione Geografica Protetta, pur non essendo certificazioni ambientali, legano un prodotto a un territorio specifico. Sceglierle è un buon modo per supportare le produzioni locali e tradizionali.

5. Combattere lo Spreco: dal Frigorifero alla Tavola

Un terzo di tutto il cibo prodotto nel mondo viene sprecato. È uno scandalo etico ed ecologico.

- **Pianifica la spesa:** Fai una lista e compra solo ciò che ti serve.
- **Impara a conservare:** Conserva correttamente ogni alimento e impara la differenza tra "da consumarsi entro" e "da consumarsi preferibilmente entro".
- **Sii creativo con gli avanzi:** Usa gli avanzi per il pasto successivo. Sperimenta tecniche "zero sprechi": con le parti "brutte" delle verdure (gambi, bucce, foglie) puoi fare un ottimo brodo vegetale da congelare. Prova a far ricrescere alcuni ortaggi: la base di un cespo di lattuga o di un porro, messa in un po' d'acqua, produrrà nuove foglie.

Le nostre forchette sono strumenti potenti. Usarle con saggezza è una rivoluzione silenziosa e deliziosa che possiamo compiere ogni giorno. Nel prossimo capitolo, lasceremo la cucina per uscire di casa e analizzeremo come ci muoviamo.

9

Muoversi in Modo Sostenibile: La Mobilità del Futuro

Usciamo dalle nostre case e dalle nostre cucine ed entriamo in un altro ambito fondamentale della nostra vita quotidiana: gli spostamenti. Il modo in cui ci muoviamo per andare al lavoro, a scuola, a fare la spesa o in vacanza ha un peso enorme sull'impronta di carbonio della nostra società. Il settore dei trasporti, come abbiamo visto, è uno dei principali responsabili delle emissioni di gas serra, un gigante quasi interamente alimentato da combustibili fossili.

In Italia, come in molti paesi occidentali, abbiamo passato l'ultimo secolo a costruire le nostre città e le nostre vite intorno all'automobile privata. Per decenni è stata un simbolo di libertà, progresso e status sociale. Oggi, però, quella stessa dipendenza dall'auto è diventata una delle nostre più grandi vulnerabilità. È causa di inquinamento atmosferico che danneggia la nostra salute (specialmente quella dei bambini), di congestione stradale che ci fa perdere tempo prezioso e denaro in carburante, e di un flusso costante di emissioni che alterano il clima. Le nostre città sono state letteralmente modellate per le auto, non per le persone.

Ripensare la mobilità non significa rinunciare a spostarsi o a essere liberi. Al contrario, significa riconquistare una libertà più ampia: la libertà dal traffico, dal rumore, dallo stress e dai costi esorbitanti. Significa farlo in modo più intelligente, efficiente e salutare, riscoprendo il piacere di muoversi con il proprio corpo, di utilizzare al meglio le alternative disponibili e di vedere l'auto non come l'unica opzione di default, ma come uno strumento da usare solo quando è davvero la scelta migliore.

1. Ripensare la Città: la Visione della "Città dei 15 Minuti"

Prima di chiederci *come* muoverci, la domanda più radicale e importante è: *perché* ci muoviamo così tanto? Spesso, la risposta risiede nel modo in cui sono state progettate le nostre città, con zone residenziali separate da quelle commerciali e lavorative, costringendoci a lunghi spostamenti quotidiani. Per questo, la soluzione più profonda non è solo cambiare i veicoli, ma cambiare la città stessa.

Un modello urbano promettente, che sta guadagnando popolarità in tutto il mondo, è la **"città dei 15 minuti"**. L'idea è semplice e potente: ogni cittadino dovrebbe avere tutti i servizi essenziali (negozi, scuole, sanità, parchi, luoghi di lavoro e di svago) a portata di mano, raggiungibili in un quarto d'ora a piedi o in bicicletta dalla propria abitazione. Questo modello non solo riduce drasticamente la dipendenza dall'auto e le relative emissioni, ma crea quartieri più vivi, sicuri e a misura d'uomo. Rafforza il senso di comunità, migliora la salute pubblica incoraggiando il movimento e restituisce lo spazio pubblico, oggi occupato da auto in sosta, alle persone. Sostenere e chiedere questo tipo di pianificazione urbana è una delle azioni più lungimiranti che possiamo compiere come cittadini.

2. La Gerarchia della Mobilità Sostenibile

Quando dobbiamo muoverci, esiste una gerarchia virtuosa delle scelte, una piramide che mette al primo posto le opzioni più benefiche per noi e per il pianeta.

- **Al vertice: a piedi e in bicicletta (anche elettrica).** Per le brevi distanze, non c'è niente di meglio. La mobilità attiva è a emissioni zero, è gratuita, è un toccasana per la salute fisica e mentale. La **bici a pedalata assistita (e-bike)**, in particolare, è una vera e propria rivoluzione. Supera le barriere che spesso limitano l'uso della bici tradizionale: le salite diventano facili, le distanze si allungano (fino a 10-15 km), e si può arrivare a destinazione senza sudare. Questo la rende un'alternativa reale all'auto o allo scooter per moltissimi spostamenti quotidiani, anche per chi non è un ciclista allenato.
- **Subito dopo: il trasporto pubblico.** Per distanze maggiori, il trasporto pubblico (autobus, tram, metropolitana, treni) è la scelta più efficiente. Un autobus a pieno carico o un vagone della metropolitana possono togliere decine e decine di auto dalle strade, riducendo drasticamente le emissioni per passeggero. Usare il trasporto pubblico e richiederne un potenziamento è fondamentale per spingere le amministrazioni a investire in un servizio capillare, puntuale e accessibile, che è la vera spina dorsale di ogni città moderna e sostenibile.

3. L'Auto: Meno, Meglio e il Suo Costo Reale

L'automobile privata rimarrà uno strumento necessario per molte persone. L'obiettivo non è eliminarla, ma declassarla da padrona assoluta a uno strumento tra tanti, da usare con intelligenza.

- **Il mito delle nuove strade:** Spesso si pensa che per risolvere il traffico basti costruire nuove strade o allargare quelle esistenti. In realtà, gli studi sulla mobilità hanno dimostrato l'esatto contrario, un fenomeno noto come **"domanda indotta"**: più strade si costruiscono, più persone saranno incentivate a usare l'auto, e in breve tempo il nuovo spazio verrà saturato, ricreando la congestione di prima. La soluzione non è dare più spazio alle auto, ma offrire alternative migliori.
- **Il costo reale di un'auto:** Spesso sottovalutiamo quanto ci costa possedere un'auto. Oltre al prezzo d'acquisto e al carburante, dobbiamo considerare il **costo totale di proprietà (Total Cost of Ownership)**, che include: l'assicurazione, il bollo, la manutenzione ordinaria e straordinaria, le revisioni, i pedaggi, i parcheggi e, soprattutto, la svalutazione (un'auto perde gran parte del suo valore nei primi anni). Sommando tutte queste voci, il costo annuale di un'auto di proprietà può facilmente raggiungere diverse migliaia di euro. Confrontare questa cifra con il costo di un abbonamento annuale al trasporto pubblico o con l'uso occasionale di servizi di car sharing o noleggio può essere un esercizio illuminante e un potente incentivo finanziario a cambiare abitudini.
- **Usarla meno, usarla meglio:** Quando l'auto è indispens-

abile, pratiche come il **car pooling** (condivisione) e il **car sharing** (auto condivisa) sono soluzioni intelligenti per ridurne i costi e l'impatto. Anche la **guida efficiente (Eco-driving)** – guidare in modo fluido, senza accelerazioni e frenate brusche – può ridurre i consumi fino al 20%.

4. Il Futuro Elettrico e il "Slow Travel"

· **L'elettrificazione:** Le auto elettriche sono una parte importante della soluzione, azzerando le emissioni inquinanti nelle città. La loro sostenibilità complessiva dipende da quanto è pulita l'elettricità con cui vengono ricaricate. La vera sfida, però, rimane quella di ridurre il numero complessivo di veicoli.

· **Viaggiare Consapevolmente e lo "Slow Travel":** Per i viaggi a lunga distanza, l'aereo è il mezzo con l'impatto più elevato. Il treno, per le tratte nazionali ed europee, è un'alternativa fantastica, con un'impronta di carbonio fino al 90% inferiore. Questo ci invita a riscoprire lo **"slow travel"** (viaggio lento): un approccio che valorizza il viaggio stesso, non solo la destinazione. Viaggiare in treno o in bicicletta permette di vedere il paesaggio che cambia, di fermarsi in luoghi intermedi, di vivere un'esperienza più ricca e meno stressante rispetto alla frenesia degli aeroporti. È una filosofia di viaggio che predilige la qualità dell'esperienza alla quantità di luoghi visitati.

Muoversi in modo sostenibile è prima di tutto un cambiamento culturale. Significa dare più valore al nostro tempo, alla nostra salute e alla qualità degli spazi che abitiamo, piuttosto che alla velocità e alla proprietà a tutti i costi. Nel prossimo capitolo, vedremo come prepararci agli impatti climatici che, purtroppo, sono già inevitabili, esplorando il concetto di adattamento.

10

Adattamento e Resilienza: Prepararsi al Futuro che è Già Qui

Finora abbiamo parlato quasi esclusivamente di **mitigazione**, ovvero di tutte le azioni necessarie per ridurre le cause del cambiamento climatico, tagliando le emissioni di gas serra. La mitigazione è fondamentale e deve rimanere la nostra priorità assoluta: ogni tonnellata di CO_2 che non emettiamo oggi è un impatto evitato domani, un pezzo di futuro più sicuro che garantiamo a noi stessi e alle prossime generazioni. È l'azione che agisce sulla radice del problema.

Tuttavia, dobbiamo essere onesti e realisti. A causa delle emissioni che abbiamo già riversato nell'atmosfera nel corso dell'ultimo secolo, una certa quantità di cambiamento climatico è già "bloccata" nel sistema. L'inerzia del sistema climatico è enorme: anche se fermassimo tutte le emissioni oggi, la temperatura continuerebbe a salire per un po' e il livello del mare continuerebbe a crescere per secoli, a causa del calore già immagazzinato negli oceani. Gli effetti che abbiamo descritto nella Parte 2 – ondate di calore più intense, siccità, alluvioni – sono già parte della nostra realtà e, secondo la scienza, peggioreranno prima di poter migliorare, anche negli scenari più ottimistici.

Per questo, alla mitigazione dobbiamo affiancare con la stessa urgenza un secondo pilastro fondamentale dell'azione climatica: l'**adattamento**.

Se la mitigazione è smettere di gettare benzina sul fuoco, l'adattamento è imparare a spegnere gli incendi che già divampano e a costruire case più resistenti al fuoco. Non è una resa, né un'ammissione di sconfitta. È un atto di responsabilità, realismo e intelligenza. Significa imparare a convivere con gli impatti ormai inevitabili del cambiamento climatico, modificando i nostri sistemi, le nostre infrastrutture e i nostri comportamenti per ridurne i danni e proteggere le persone, le economie e gli ecosistemi. Mitigazione e adattamento non sono in competizione, ma sono le due gambe su cui dobbiamo camminare per attraversare questa crisi.

Adattamento nelle Città: Verso le "Città Spugna"

Le nostre città, con le loro immense distese di asfalto e cemento, sono tra i luoghi più vulnerabili sia alle ondate di calore (a causa dell'effetto isola di calore) sia alle alluvioni (a causa dell'imper meabilizzazione del suolo). L'adattamento urbano si concentra sul renderle più simili a un ecosistema naturale, trasformandole in **"città spugna"** e in oasi più fresche.

· **Combattere il calore con la natura:** Invece di affidarsi solo ai condizionatori (che, come abbiamo visto, peggiorano il problema a livello collettivo), possiamo usare le **"soluzioni basate sulla natura"** (Nature-Based Solutions). Si tratta di utilizzare il potere della vegetazione per rinfrescare l'ambiente urbano. Piantare alberi lungo le strade per creare viali ombreggiati, creare nuovi parchi e aree verdi, installare **"tetti verdi"** (coperti di vegetazione) e pareti verdi verticali sugli edifici sono strategie potentissime. Un tetto verde non solo rinfresca l'edificio sottostante riducendo la necessità di aria condizionata, ma assorbe l'acqua piovana, riduce l'inquinamento acustico e offre un habitat per piccoli insetti e uccelli.

· **Gestire le "bombe d'acqua":** Per evitare che le piogge intense mandino in tilt i sistemi fognari, dobbiamo permettere all'acqua di tornare a infiltrarsi nel terreno. Le città spugna lo fanno attraverso i **Sistemi di Drenaggio Urbano Sostenibile (SUDS)**. Esempi includono i **"giardini della pioggia"** (aiuole leggermente ribassate e piantumate con specie adatte, progettate per raccogliere e filtrare l'acqua piovana delle strade), l'uso di **asfalti drenanti** e **pavimentazioni permeabili** nei parcheggi e nelle piazze, e la **riapertura di piccoli corsi d'acqua** che erano stati tombati sotto il cemento. Queste tecniche trasformano l'acqua da un problema da smaltire il più in fretta possibile a una risorsa da gestire e valorizzare.

Adattamento in Agricoltura e nelle Aree Costiere

· **Agricoltura resiliente:** Gli agricoltori sono in prima linea nella lotta al cambiamento climatico, subendone per primi gli impatti. L'adattamento in questo settore è cruciale per la nostra sicurezza alimentare. Significa passare a tecniche di **irrigazione di precisione** (come l'irrigazione a goccia, che porta l'acqua direttamente alle radici senza sprechi), riscoprire e coltivare **varietà di grano, frutta o verdura antiche e locali**, che sono naturalmente più resistenti alla siccità e alle malattie del territorio rispetto alle varietà commerciali standardizzate. Significa anche praticare l'**agroforestazione** (integrare alberi e colture nello stesso campo) per proteggere il suolo dall'erosione, aumentare la sua capacità di trattenere l'acqua e migliorare il microclima.

- **Difendere le coste con la natura:** Di fronte all'innalzamento del mare, possiamo scegliere tra soluzioni "dure" (e costose) come la costruzione di muri e barriere in cemento, e soluzioni "morbide" basate sulla natura, che spesso sono più efficaci e resilienti a lungo termine. Queste ultime includono il **ripristino delle dune sabbiose** attraverso la piantumazione di vegetazione costiera che stabilizza la sabbia. Un ruolo fondamentale è svolto dalla protezione e dal ripristino di ecosistemi come le **praterie di Posidonia oceanica** o le **zone umide salmastre**, che agiscono come ammortizzatori naturali, smorzando l'energia delle onde prima che raggiungano la costa. Queste soluzioni, oltre a proteggerci, creano habitat preziosi per la biodiversità, unendo così adattamento e conservazione.

Resilienza Individuale e Comunitaria: la Forza dei Legami Sociali

L'adattamento non è solo una questione di grandi infrastrutture o di politiche agricole. È anche, e forse soprattutto, una questione di preparazione, consapevolezza e solidarietà a livello locale. Questa è la **resilienza**.

La resilienza non è solo la capacità di resistere a uno shock, ma anche quella di imparare, riorganizzarsi e uscirne più forti e preparati. A livello individuale, significa essere consapevoli dei rischi del proprio territorio. Puoi consultare il **piano di protezione civile** del tuo comune per sapere se vivi in un'area a rischio idrogeologico o di alluvioni. Significa preparare un piccolo **kit di emergenza** familiare con acqua, cibo a lunga conservazione, una torcia e un kit di primo soccorso.

Ma la vera resilienza è quella di comunità. La nostra migliore difesa contro gli eventi estremi non è il cemento, ma i legami sociali. Durante un'ondata di calore, la forza di una comunità si misura dalla sua capacità di prendersi cura dei suoi membri più fragili. Significa creare **reti di vicinato** per controllare le persone anziane o sole che vivono nel proprio condominio o quartiere, assicurandosi che stiano bene e che abbiano accesso ad acqua e a luoghi freschi. Significa stabilire sistemi di allerta locali o semplici catene telefoniche per avvisare di un pericolo imminente.

L'infrastruttura sociale – la fiducia, la cooperazione e la solidarietà tra le persone – è importante tanto quanto le infrastrutture fisiche. Una comunità in cui i vicini si conoscono e si aiutano è una comunità intrinsecamente più sicura e resiliente di una in cui ognuno pensa solo a sé stesso.

L'adattamento, quindi, ci insegna che affrontare la crisi climatica non è solo una sfida tecnica, ma anche un'opportunità per ricostruire un rapporto più sano non solo con il pianeta, ma anche tra di noi. Nel prossimo capitolo, torneremo a esplorare come la nostra azione collettiva possa accelerare sia la mitigazione che l'adattamento.

11

Oltre l'Individuo: Comunità, Tecnologia e Attivismo

Le azioni individuali che abbiamo esplorato nei capitoli precedenti sono i mattoni fondamentali, indispensabili, per costruire un futuro sostenibile. Sono l'espressione concreta della nostra volontà di cambiamento. Ma per costruire un intero edificio, solido e duraturo, i mattoni devono essere messi insieme da un progetto comune, da una visione condivisa e da uno sforzo collettivo. Da soli possiamo fare molto, ma è solo insieme che possiamo davvero cambiare le regole del gioco.

Il cambiamento climatico è una sfida sistemica, radicata nelle fondamenta della nostra economia e della nostra società. Per questo, richiede soluzioni altrettanto sistemiche. Le nostre scelte personali sono potentissime perché, quando vengono adottate da migliaia e poi milioni di persone, creano una pressione culturale ed economica dal basso. Orientano la domanda, spingono le aziende a innovare e a cambiare la loro offerta, e mandano un segnale chiaro alla politica. In questo capitolo finale dedicato alle soluzioni, allargheremo lo sguardo per esplorare come possiamo amplificare il nostro impatto unendo le forze con gli altri, sfruttando l'ingegno e l'innovazione tecnologica, e facendo sentire la nostra voce di cittadini consapevoli e preoccupati.

1. La Forza della Comunità: l'Unione fa la Sostenibilità

Il senso di impotenza e di solitudine di fronte alla crisi climatica si combatte con l'azione collettiva. Unirsi ad altri che condividono le nostre preoccupazioni e i nostri obiettivi non solo ci dà speranza e motivazione, ma moltiplica esponenzialmente la nostra efficacia.

Gruppi di Acquisto Solidale (GAS): Sono gruppi di famiglie che si organizzano per acquistare prodotti alimentari o di uso comune (come detersivi o saponi) direttamente dai produttori locali, spesso biologici o a basso impatto ambientale. Acquistare tramite un GAS significa compiere un atto economico e politico: si bypassa la grande distribuzione, si garantisce un giusto compenso ai produttori, si riducono drasticamente gli imballaggi e l'impronta dei trasporti, e si ha accesso a cibo di altissima qualità. È un modo concreto per creare un'economia più giusta e sostenibile a partire dal proprio carrello della spesa.

Comunità Energetiche Rinnovabili (CER): Questa è una delle innovazioni sociali e tecnologiche più promettenti e rivoluzionarie. Una CER è un'associazione di cittadini, piccole e medie imprese, enti locali o cooperative che scelgono di dotarsi di impianti per la produzione e l'autoconsumo di energia da fonti rinnovabili (come i pannelli fotovoltaici installati sui tetti di un condominio, di un capannone industriale o su terreni non utilizzati). L'energia prodotta viene consumata istantaneamente dai membri della comunità, mentre l'eccesso viene condiviso, riducendo le bollette per tutti, diminuendo la dipendenza dalla rete elettrica nazionale e dai combustibili fossili, e creando un modello di democrazia energetica dal basso.

Sono un esempio perfetto di come la comunità possa diventare protagonista attiva della transizione energetica.

Orti Urbani e Giardini Condivisi: Trasformare un'area urbana abbandonata, un'aiuola trascurata o un cortile condominiale in un orto produttivo ha benefici enormi che vanno ben oltre il cibo. Permette di produrre verdura a metro zero, di riscoprire la stagionalità e il valore del cibo, di ridurre i rifiuti organici tramite il compostaggio in loco, di creare spazi di socialità e aggregazione per il quartiere, e di aumentare il verde in città, contribuendo a mitigare l'effetto "isola di calore" e a migliorare la qualità dell'aria.

Queste sono solo alcune delle tante forme di azione comunitaria. Dalle associazioni che organizzano giornate di pulizia delle spiagge o dei parchi, ai "repair café" dove volontari aiutano le persone a riparare oggetti invece di buttarli, dalle ciclofficine popolari ai gruppi che promuovono il baratto e il riuso, le opportunità per agire insieme sono infinite e spesso nascono dalla creatività dei cittadini stessi.

2. Tecnologie Emergenti: Alleate per un Futuro a Zero Emissioni

La transizione ecologica non è un ritorno nostalgico al passato, ma un balzo coraggioso in un futuro più intelligente, efficiente e pulito, un futuro alimentato dall'ingegno umano e da tecnologie innovative. Sebbene la tecnologia da sola non possa salvarci senza un profondo cambiamento nei nostri modelli di consumo e nei nostri valori, è un'alleata indispensabile e potente.

Solare ed Eolico: I costi delle energie rinnovabili sono crollati in modo spettacolare negli ultimi dieci anni, rendendole le fonti di energia più economiche in molte parti del mondo, superando carbone e gas. L'innovazione continua a renderle sempre più efficienti, versatili e facili da integrare nel paesaggio.

Il fotovoltaico può essere installato sui tetti, integrato nelle facciate degli edifici, installato in verticale tra i filari delle vigne (agrivoltaico) e persino su bacini idrici. L'eolico, sia a terra (onshore) che, soprattutto, in mare (offshore), dove i venti sono più forti e costanti, ha un potenziale enorme per produrre grandi quantità di energia pulita.

Sistemi di Accumulo (Batterie) e Reti Intelligenti: La grande sfida delle rinnovabili è la loro intermittenza: il sole non splende di notte e il vento non soffia sempre. I sistemi di accumulo, come le grandi batterie a livello di rete e le batterie domestiche, sono la chiave per risolvere questo problema. Permettono di immagazzinare l'energia prodotta nei momenti di abbondanza e di rilasciarla quando ce n'è più bisogno, garantendo stabilità alla rete. Insieme alle "reti intelligenti" (smart grids), che usano l'intelligenza artificiale per gestire i flussi di energia in modo ottimale, renderanno possibile un futuro alimentato al 100% da fonti pulite.

Idrogeno Verde e Altre Frontiere: Per decarbonizzare i settori più "difficili" (hard-to-abate), come l'industria pesante (acciaierie, cementifici) e i trasporti a lungo raggio (navi, aerei), l'elettrificazione diretta non è sempre possibile. Qui entra in gioco l'idrogeno prodotto tramite elettrolisi dell'acqua utilizzando esclusivamente energia rinnovabile (il cosiddetto "idrogeno verde"). Può essere usato come combustibile pulito o come materia prima per produrre fertilizzanti o carburanti sintetici a zero emissioni.

Sostenere la ricerca e l'adozione di queste tecnologie, sia come consumatori (scegliendo fornitori di energia rinnovabile) che come cittadini (chiedendo politiche che le favoriscano), è fondamentale per accelerare la transizione.

3. Informarsi, Partecipare, Pretendere: il Potere della Cittadi-

nanza Attiva

Le nostre azioni individuali e comunitarie sono essenziali, ma per un cambiamento rapido e su larga scala, abbiamo bisogno di regole, leggi, incentivi e investimenti che solo la politica, a livello locale, nazionale ed europeo, può mettere in campo. Qui entra in gioco il nostro ruolo più importante: quello di cittadini attivi, informati e partecipi.

Informarsi da fonti affidabili: In un'epoca di disinformazione, fake news e "negazionismo climatico" spesso finanziato da interessi fossili, è cruciale saper scegliere le proprie fonti. Affidati ai rapporti degli organismi scientifici internazionali (come l'IPCC), alle agenzie ambientali nazionali (come l'ISPRA in Italia), alle università e a testate giornalistiche serie che hanno sezioni dedicate alla scienza e all'ambiente. Comprendere la scienza e i dati è il primo passo per non farsi ingannare, per costruire argomentazioni solide e per smascherare le false soluzioni.

Partecipare alla vita pubblica: La democrazia non si esaurisce nel voto ogni 4 o 5 anni. Interessati a cosa fa la tua amministrazione comunale per il clima. Esiste un piano di adattamento? Ci sono piani per aumentare le piste ciclabili, per migliorare l'efficienza degli edifici pubblici, per creare più aree verdi? Partecipa alle assemblee pubbliche, scrivi all'assessore all'ambiente, unisciti a un comitato di quartiere. Sostieni i candidati e i partiti che dimostrano con i fatti, e non solo a parole, di avere a cuore questi temi. La democrazia si esercita ogni giorno.

Sostenere l'attivismo e fare pressione: I grandi cambiamenti sociali della storia, dai diritti civili ai diritti dei lavoratori, sono sempre stati spinti da movimenti di persone che hanno chiesto a gran voce un futuro migliore. I movimenti per il clima, come Fridays for Future e molte altre organizzazioni ambientaliste, hanno avuto il merito enorme di portare la crisi climatica al centro del dibattito pubblico e di mettere pressione sui leader mondiali. Sostenere queste organizzazioni con una donazione, partecipare a una manifestazione pacifica, firmare una petizione, aderire a una campagna di boicottaggio: sono tutti modi per far sentire la nostra voce collettiva e per dire ai decisori politici ed economici che non siamo più disposti ad aspettare.

Essere parte della soluzione significa agire a 360 gradi: come individui nelle nostre case, come membri di una comunità che costruisce alternative, e come cittadini che chiedono un cambiamento strutturale. Ognuno di questi ruoli rafforza gli altri. Le nostre scelte quotidiane danno credibilità e coerenza alle nostre richieste politiche, e le politiche illuminate rendono più facili, economiche e accessibili per tutti le nostre scelte quotidiane.

Abbiamo completato il nostro viaggio attraverso le soluzioni. Ora non ci resta che tirare le somme e guardare al futuro, non con paura, ma con la lucida determinazione di chi sa di avere il potere di scriverne le pagine.

12

Soldi, Diritti e Pianeta: l'Economia della Transizione e la Giustizia Climatica

Nei capitoli precedenti abbiamo esplorato un vasto arsenale di soluzioni, da quelle che possiamo attuare nelle nostre case a quelle che possiamo costruire nelle nostre comunità. Potrebbe però rimanere una domanda di fondo, un dubbio paralizzante spesso alimentato da chi ha interesse a mantenere lo status quo: "Tutto questo non è troppo costoso? Non possiamo permetterci la transizione ecologica, specialmente in un periodo di crisi economica?".

Questo capitolo affronta di petto questa domanda, per dimostrare che non solo è sbagliata, ma che la realtà è l'esatto opposto. La vera domanda da porsi non è "quanto costa agire?", ma "**quanto ci costa *non* agire?**". Affrontare la crisi climatica non è un lusso, ma la più grande opportunità di investimento del nostro tempo, una necessità economica e, soprattutto, un imperativo di giustizia e di diritti umani. Spostiamo quindi lo sguardo dai singoli comportamenti ai sistemi che li governano: l'economia, la finanza e il concetto fondamentale di giustizia climatica.

Sfatare un Mito: il Costo Reale dell'Inazione

L'idea che l'azione per il clima sia un "costo" che frena l'economia è una narrazione vecchia e fuorviante. Oggi, i costi devastanti dell'**inazione** sono sotto i nostri occhi, e li paghiamo già, ogni anno.

- **I costi dei disastri:** Pensiamo ai danni causati dall'alluvione in Emilia-Romagna nel 2023, stimati in quasi 9 miliardi di euro per la sola ricostruzione. Pensiamo ai raccolti persi a causa della siccità, ai costi per riparare le infrastrutture danneggiate da frane e mareggiate, ai mancati ricavi del turismo invernale senza neve. Questi non sono costi futuri, sono spese reali che gravano oggi sui bilanci dello Stato, delle imprese e delle famiglie.
- **I costi sanitari:** Come abbiamo visto, le ondate di calore e l'inquinamento atmosferico (legato in gran parte agli stessi combustibili fossili che causano il cambiamento climatico) hanno enormi costi per il sistema sanitario nazionale, in termini di ricoveri, farmaci e perdita di produttività.
- **I costi a lungo termine:** Già nel 2006, il rapporto Stern, commissionato dal governo britannico, concluse che i costi futuri dei danni causati da un cambiamento climatico incontrollato sarebbero stati fino a 20 volte superiori ai costi necessari per evitarlo. Investire oggi l'1-2% del PIL mondiale per la transizione ci eviterebbe di perdere fino al 20% del PIL globale in futuro. È come scegliere se pagare oggi una rata ragionevole per un'assicurazione sulla casa o rischiare di perdere l'intera casa domani. La scelta economicamente più razionale è evidente.

L'Economia della Transizione: gli Strumenti del Cambiamento

Per accelerare la transizione, non basta la buona volontà: servono strumenti economici e finanziari che rendano le scelte sostenibili le più convenienti e quelle dannose le più costose.

- **Dare un prezzo al carbonio:** Finora abbiamo trattato l'atmosfera come una discarica gratuita per i nostri gas serra. Il principio del "chi inquina paga" può essere applicato tramite due meccanismi principali: una **tassa sul carbonio (carbon tax)**, che impone un costo su ogni tonnellata di CO_2 emessa, o un **sistema di scambio di quote di emissione (Emissions Trading System – ETS)**, come quello già attivo in Europa. In un sistema ETS, viene fissato un tetto massimo alle emissioni totali e le aziende ricevono o acquistano "permessi di inquinare". Chi inquina meno può vendere i suoi permessi in eccesso a chi inquina di più, creando un incentivo economico a ridurre le emissioni.
- **La finanza sostenibile e il disinvestimento:** Il mondo della finanza sta cambiando. Cresce l'interesse per gli **investimenti ESG (Environmental, Social, Governance)**, che valutano le aziende non solo in base al profitto, ma anche al loro impatto ambientale, sociale e alla loro buona governance. Parallelamente, sta crescendo un potente movimento globale per il **disinvestimento (divestment)** dai combustibili fossili. Università, fondi pensione, città e singoli cittadini stanno scegliendo di ritirare i propri investimenti dalle aziende del carbone, del petrolio e del gas, per reinvestirli nell'economia pulita. È un modo per togliere "ossigeno" finanziario a chi sta alimentando la crisi.
- **L'economia circolare:** Dobbiamo passare da un'economia

lineare ("produci, usa e getta") a un'**economia circolare**, in cui i prodotti sono progettati fin dall'inizio per durare, essere riparati, riutilizzati e infine riciclati, minimizzando i rifiuti e lo spreco di risorse.

La Transizione Giusta: Non Lasciare Indietro Nessuno

La transizione ecologica non è solo una sfida tecnica ed economica, ma anche e soprattutto sociale. Se non viene gestita con equità, rischia di creare nuove e profonde disuguaglianze. Per questo è fondamentale parlare di **"transizione giusta"**.

Questo significa che, mentre abbandoniamo i combustibili fossili, dobbiamo prenderci cura delle persone e delle comunità il cui lavoro dipende da quei settori. Un minatore di carbone o un operaio di una raffineria non sono "il nemico", ma lavoratori che hanno bisogno di supporto per riconvertire le loro competenze. Una transizione giusta prevede investimenti massicci in **formazione e riqualificazione professionale**, per creare nuovi posti di lavoro stabili e di qualità nell'economia verde (installazione di pannelli solari, efficientamento energetico degli edifici, agricoltura sostenibile, etc.).

Inoltre, una transizione è giusta se le politiche climatiche non pesano in modo sproporzionato sulle fasce più deboli della popolazione. Se una tassa sul carbonio fa aumentare il prezzo della benzina o del riscaldamento, le famiglie a basso reddito ne soffriranno di più. Per questo, i proventi di tali tasse dovrebbero essere redistribuiti sotto forma di "dividendi climatici", sussidi o sgravi fiscali per aiutare le persone più vulnerabili, garantendo che nessuno venga lasciato indietro.

Il Cuore del Problema: Giustizia Climatica

Infine, dobbiamo allargare lo sguardo al mondo intero e affrontare il tema più importante e scomodo di tutti: la **giustizia climatica**. La crisi climatica è la più grande ingiustizia del nostro tempo.

I dati sono impietosi: i paesi storicamente più ricchi e industrializzati, che rappresentano una piccola parte della popolazione mondiale, sono responsabili della stragrande maggioranza delle emissioni accumulate nell'atmosfera. Al contrario, i paesi e le popolazioni che stanno subendo gli impatti più devastanti – siccità estrema nel Sahel, inondazioni in Pakistan, innalzamento del mare che minaccia le piccole isole-stato del Pacifico – sono quelli che hanno contribuito meno o quasi per nulla a causare il problema.

Questa disuguaglianza non è solo tra nazioni, ma anche all'interno delle nazioni stesse. L'1% più ricco della popolazione mondiale emette più del doppio della metà più povera del pianeta. Sono sempre le comunità più povere e marginalizzate, anche nelle nostre città, a vivere nelle aree più inquinate, più esposte alle ondate di calore e con meno risorse per proteggersi.

Per questo, l'azione per il clima non può essere separata dalla lotta per i diritti umani e per l'equità globale. Il concetto di giustizia climatica si basa su un principio di **"responsabilità comuni ma differenziate"**: tutti devono agire, ma i paesi che hanno storicamente inquinato di più hanno la responsabilità maggiore di ridurre le proprie emissioni e di aiutare finanziariamente i paesi più vulnerabili ad adattarsi e a svilupparsi in modo sostenibile. In questo contesto si inserisce il dibattito su **"perdite e danni" (loss and damage)**: un fondo per compensare i paesi vulnerabili per i danni climatici che sono ormai inevitabili e a cui non è più possibile adattarsi, come la perdita di territori o di patrimoni culturali.

Affrontare la crisi climatica, quindi, non è solo una questione ambientale o economica. È una profonda questione etica. Significa raddrizzare uno squilibrio storico, riconoscere le nostre responsabilità e lavorare per un mondo in cui il diritto a un ambiente sano e sicuro sia garantito a tutti, non solo a pochi privilegiati.

13

Conclusion

Un Futuro da Scrivere Insieme

Siamo giunti alla fine del nostro viaggio. Un percorso che forse hai iniziato con un bagaglio di domande, preoccupazioni e un senso di ansia di fronte a una sfida che sembrava troppo grande, e che spero si concluda ora con una nuova consapevolezza, una chiarezza di visione e, soprattutto, con un rinnovato e tangibile senso di potere.

Abbiamo smontato la complessa macchina del cambiamento climatico, capendo che non si tratta di un destino ineluttabile o di una calamità naturale, ma della conseguenza diretta di un secolo di scelte precise, di un modello di sviluppo che ha privilegiato il profitto a breve termine sulla salute a lungo termine del nostro pianeta. Abbiamo guardato in faccia i suoi effetti, non per farci paralizzare dalla paura, ma per comprendere l'urgenza di agire e la profonda ingiustizia di una crisi che colpisce prima e più duramente i più vulnerabili. E infine, abbiamo scoperto che le soluzioni sono ovunque intorno a noi: nelle nostre case, nei nostri piatti, nel modo in cui ci muoviamo e, soprattutto, nella nostra capacità di unirci agli altri per chiedere e costruire un mondo diverso.

Questo libro non ha la pretesa di aver fornito tutte le risposte, ma di aver posto le domande giuste e di aver indicato una direzione, una mappa per orientarsi. La direzione è quella della responsabilità e della speranza attiva.

La **responsabilità** non è colpa. Non si tratta di addossare a un singolo individuo il peso del mondo, ma di riconoscere con onestà che le nostre azioni, sommate a quelle di milioni di altre persone, creano la realtà in cui viviamo. Ogni volta che scegliamo un prodotto locale invece di uno che ha fatto il giro del mondo, ogni volta che prendiamo la bicicletta invece dell'auto per un breve tragitto, ogni volta che ripariamo un oggetto invece di buttarlo, stiamo esercitando questa responsabilità. Stiamo lanciando un piccolo sasso in uno stagno, e le onde si propagano, influenzando chi ci sta intorno e il mercato stesso.

Questo ci porta alla **speranza**. Non una speranza passiva, quasi magica, che attende che qualcun altro – un governo, uno scienziato, un imprenditore geniale – risolva il problema per noi. Ma una speranza attiva, costruttiva, quasi testarda. È la speranza che nasce dalla consapevolezza che il futuro non è ancora stato scritto. Le pagine sono bianche, e i pennarelli li abbiamo in mano noi, tutti noi. Le previsioni più cupe degli scienziati non sono profezie, ma avvertimenti. Ci mostrano la strada che stiamo percorrendo *se non facciamo nulla*. Ma noi possiamo, e dobbiamo, cambiare strada.

Si parla spesso dell' "effetto farfalla", la teoria secondo cui il battito d'ali di una farfalla in Brasile può provocare un tornado in Texas. Le nostre azioni quotidiane sono quel battito d'ali. Un singolo gesto può sembrare insignificante, una goccia nell'oceano. Ma l'oceano è fatto di singole gocce. E quando milioni di persone iniziano a compiere gesti simili, il loro impatto collettivo può generare un cambiamento profondo e inarrestabile. Può creare un "tornado" di sostenibilità, un vento di cambiamento capace di orientare il mercato, influenzare le politiche e costruire una nuova, desiderabile normalità.

La sfida che abbiamo di fronte è la più grande che l'umanità abbia mai affrontato, perché mette in discussione le fondamenta stesse della nostra civiltà. Ma è anche la più grande opportunità che ci sia mai stata data: l'opportunità di ripensare il nostro modo di vivere, di riscoprire il valore della comunità e della cooperazione, di ricostruire un rapporto più equilibrato, giusto e rispettoso con la natura e con noi stessi. Di dimostrare che siamo capaci non solo di creare problemi di una complessità inaudita, ma anche di immaginare e costruire soluzioni ancora più straordinarie.

Non lasciare che questo libro sia solo una lettura interessante. Lascia che sia un inizio. Scegli un'azione dal piano che trovi nelle prossime pagine, una sola, anche la più piccola, e inizia oggi. Poi, domani, scegline un'altra. Parlane con qualcuno, senza predicare, ma condividendo il tuo entusiasmo. Unisciti a un gruppo. Fai sentire la tua voce.

Il futuro del nostro pianeta dipende da un'infinità di piccoli inizi. E il tuo può cominciare adesso.

Afterword

- Appendice

1. Il Tuo Piano d'Azione Personale

Usa questa checklist come un punto di partenza. Non devi fare tutto subito. Scegli 1-2 azioni per categoria che ti sembrano più facili o stimolanti e inizia da lì. Ogni spunta è una vittoria per te e per il pianeta.

IN CASA

- [ ] Sostituire le vecchie lampadine con quelle a LED.
- [ ] Usare ciabatte con interruttore per spegnere gli stand-by.
- [ ] Avviare lavatrice e lavastoviglie solo a pieno carico e in modalità "eco".
- [ ] Abbassare il riscaldamento di 1°C in inverno.
- [ ] Installare un soffione doccia a basso flusso.
- [ ] Chiudere il rubinetto mentre lavo i denti.
- [ ] Controllare e riparare eventuali perdite d'acqua.
- [ ] Fare una corretta e attenta raccolta differenziata.
- [ ] Iniziare a compostare i rifiuti organici.
- [ ] Mettere un adesivo "No Pubblicità" sulla cassetta delle lettere.

A TAVOLA

- [ ] Introdurre un giorno alla settimana senza carne.
- [ ] Provare una nuova ricetta a base di legumi.
- [ ] Fare la spesa al mercato contadino locale.
- [ ] Comprare un prodotto sfuso invece che confezionato.
- [ ] Pianificare i pasti della settimana per evitare sprechi.
- [ ] Usare gli avanzi in modo creativo per il pasto successivo.
- [ ] Portare sempre con me una borraccia per l'acqua.
- [ ] Rifiutare le stoviglie di plastica monouso.

IN MOVIMENTO

- [ ] Fare a piedi o in bici uno spostamento che di solito faccio in auto.
- [ ] Usare il trasporto pubblico almeno una volta a settimana.
- [ ] Provare un servizio di car sharing o car pooling.
- [ ] Controllare la pressione delle gomme della mia auto.
- [ ] Per il prossimo viaggio in Europa, valutare l'opzione treno invece dell'aereo.
- [ ] Informarmi sulle auto elettriche o ibride.

NELLA COMUNITÀ

- [ ] Informarmi sull'esistenza di un GAS o di una Comunità Energetica nel mio quartiere.
- [ ] Partecipare a un evento locale sul tema ambientale (pulizia di un parco, conferenza, etc.).
- [ ] Parlare di una delle azioni che ho intrapreso con un amico o un familiare.
- [ ] Firmare una petizione online su un tema ambientale che mi sta a cuore.
- [ ] Scrivere al mio comune per proporre un miglioramento

(es. una nuova pista ciclabile).

- [ ] Leggere un articolo o un libro per approfondire un tema di questo manuale.
- **2. Glossario dei Termini Chiave**
- **Biodiversità:** La varietà di forme di vita sulla Terra, a tutti i livelli (genetico, di specie, di ecosistema).
- **Cambiamento Climatico:** Alterazione a lungo termine delle temperature e dei modelli meteorologici globali o regionali, causata principalmente dalle attività umane.
- **Comunità Energetica Rinnovabile (CER):** Insieme di cittadini, imprese o enti che si associano per produrre, consumare e condividere energia prodotta da fonti rinnovabili.
- **Combustibili Fossili:** Fonti energetiche derivate dalla trasformazione di materia organica antica, come carbone, petrolio e gas naturale. La loro combustione è la principale fonte di emissioni di CO_2.
- **Deforestazione:** La distruzione delle foreste per fare spazio ad altre attività, come agricoltura, allevamento o urbanizzazione.
- **Effetto Serra:** Fenomeno naturale per cui alcuni gas presenti nell'atmosfera (i gas serra) trattengono parte del calore solare, riscaldando il pianeta. L'aumento della loro concentrazione causa il riscaldamento globale.
- **Gas Serra:** Gas che contribuiscono all'effetto serra. I principali sono l'anidride carbonica (CO_2), il metano (CH_4) e il protossido di azoto (N_2O).
- **Impronta di Carbonio:** La quantità totale di emissioni di gas serra causate direttamente o indirettamente da un individuo, un'organizzazione, un evento o un prodotto.
- **IPCC (Intergovernmental Panel on Climate Change):** Il Gruppo Intergovernativo sul Cambiamento Climatico delle

Nazioni Unite, il massimo organo scientifico mondiale per la valutazione dei cambiamenti climatici.

- **Riscaldamento Globale:** L'aumento della temperatura media della superficie terrestre, causato dall'intensificazione dell'effetto serra.
- **Sostenibilità:** Un modello di sviluppo che soddisfa i bisogni del presente senza compromettere la capacità delle generazioni future di soddisfare i propri.
- **3. Risorse Utili per Approfondire**
- **Siti Web Istituzionali e di Informazione**
- **IPCC (ipcc.ch):** Per accedere ai report scientifici ufficiali (in inglese, ma con sommari disponibili in molte lingue).
- **ISPRA (isprambiente.gov.it):** L'Istituto Superiore per la Protezione e la Ricerca Ambientale, per dati e report specifici sull'Italia.
- **Legambiente (legambiente.it), WWF Italia (wwf.it), Greenpeace Italia (greenpeace.org):** Siti delle principali associazioni ambientaliste, ricchi di notizie, campagne e approfondimenti.
- **Italy for Climate (italyforclimate.org):** Un'iniziativa che raccoglie dati e proposte per la decarbonizzazione dell'Italia.
- **Documentari e Serie TV**
- **Una scomoda verità (An Inconvenient Truth, 2006):** Il documentario che ha portato la crisi climatica all'attenzione del grande pubblico.
- **Before the Flood (Punto di non ritorno, 2016):** Con Leonardo DiCaprio, un viaggio per esplorare gli effetti del cambiamento climatico nel mondo.
- **Il nostro pianeta (Our Planet, 2019 - su Netflix):** Una serie spettacolare che mostra la bellezza della natura e le minacce

che deve affrontare.

- **Kiss the Ground (Baciare la terra, 2020 - su Netflix):** Esplora come la rigenerazione del suolo possa essere una soluzione chiave per la crisi climatica.
- **Don't Look Up (2021 - su Netflix):** Una satira potente che usa la metafora di una cometa per parlare della nostra reazione alla crisi climatica.
- **Libri (in italiano)**
- **L'equazione dei disastri** di Mercalli, L. - Un'analisi chiara dei rischi climatici e ambientali in Italia.
- **Il grande gioco del clima** di Pasini, A. - Spiega la scienza del clima e smonta le tesi negazioniste.
- **Possiamo salvare il mondo, prima di cena** di Foer, J.S. - Un saggio potente sul legame tra alimentazione e crisi climatica.
- **L'umanità a un bivio. Come la scienza ci può salvare** di Bardi, U. - Un'analisi lucida delle sfide energetiche e delle soluzioni possibili.
-